高等教育"十三五"规划教材

# 建筑力学

## ——项目化教材

主　编　窦如令
副主编　郭　烽　　刘士良　　顾长青
编　者　徐田娟　　季善利　　刘　欢　　曹晓璐
　　　　田　飞　　宗炳辰　　于永超　　任晓辉
　　　　贾汇松　　石　芳　　李　欣

东南大学出版社
SOUTHEAST UNIVERSITY PRESS
·南京·

## 内容提要

　　"建筑力学"是土建类专业学生必修的专业基础课。本书以理论知识够用为度,详细讲述力和受力图、平面任意力系、杆件的轴向拉伸和压缩、直梁弯曲、影响受压构件稳定性的因素、平面体系的几何组成分析、静定结构的内力分析、静定结构的位移计算、力法、位移法和力矩分配法等内容。通过本课程的学习,学生能获得初步简化建筑工程问题的能力以及一定的力学分析与计算能力,能够对一般结构进行受力分析;熟练掌握静力学的基本知识;掌握静定结构的内力和位移计算等。通过观察,可以让学生了解力学试验的基本过程。

　　本书可作为高职院校建筑工程技术、建筑装饰工程技术、工程造价、工程管理等专业的课程教材,也可作为工程技术人员的参考用书。

**图书在版编目(CIP)数据**

　　建筑力学 / 窦如令主编. —南京:东南大学出版社,2019.1
　　项目化教材
　　ISBN 978 - 7 - 5641 - 7817 - 8

　　Ⅰ. ①建… Ⅱ. ①窦… Ⅲ. ①建筑科学-力学-高等职业教育-教材 Ⅳ. ①TU311

　　中国版本图书馆 CIP 数据核字(2018)第 141910 号

**建筑力学——项目化教材**

| | | |
|---|---|---|
| 出版发行 | 东南大学出版社 |
| 出 版 人 | 江建中 |
| 责任编辑 | 马　伟 |
| 社　　址 | 南京市四牌楼 2 号 |
| 邮　　编 | 210096 |
| 网　　址 | http://www.seupress.com |
| 经　　销 | 全国各地新华书店 |
| 印　　刷 | 虎彩印艺股份有限公司 |
| 开　　本 | 787 mm×1092 mm　1/16 |
| 印　　张 | 12.25 |
| 字　　数 | 306 千字 |
| 版　　次 | 2019 年 1 月第 1 版 |
| 印　　次 | 2019 年 1 月第 1 次印刷 |
| 书　　号 | ISBN 978 - 7 - 5641 - 7817 - 8 |
| 定　　价 | 39.00 元 |

＊ 本社图书若有印装质量问题,请直接与营销部联系,电话:025 - 83791830。

# 前　　言

　　本书是按照高等职业教育土建类专业对建筑力学课程的基本要求组织编写的。在编写过程中,广泛吸取了近年来高职力学课程教学改革的成功经验和好的做法,围绕高职应用型人才的培养目标,以理论推证从简、突出工程应用、注重提高质量的原则,尽力使文字叙述简练,内容整合恰当,示例、习题选择与工程实际密切联系。本书本着强化工程实用的原则,对基本概念和基本理论的阐述尽量列举工程实例,使抽象的力学概念变得通俗易懂。在理论证明和公式推导上列举了土木工程中的实例来说明力学理论的实际应用。

　　本书由临沂职业学院窦如令老师任主编,郭烽、刘士良、顾长青等老师任副主编,临沂职业学院部分专业老师也参与了本书的编写工作,部分内容也得到了其他院校老师或同行的鼎力支持及热情参与,同时,在编写过程中,还参考和引用了书后所列参考文献中的部分内容,在此一并向原书作者表示衷心的感谢!

　　由于编者水平有限,书中难免存在缺点与错误之处,恳请专家、同仁和广大读者批评指正,并将意见及时反馈给我们,以便修订时完善,编者邮箱:8334dou@163.com。

编者

2017 年 12 月

# 目　　录

项目一　力和受力图 ……………………………………………………………… 1

　　任务 1　力的基本知识 …………………………………………………………… 1

　　　　1.1　力的概念 ……………………………………………………………… 1

　　　　1.2　力的三要素 …………………………………………………………… 2

　　任务 2　静力学公理 ……………………………………………………………… 3

　　　　2.1　平衡的概念 …………………………………………………………… 3

　　　　2.2　二力平衡公理 ………………………………………………………… 4

　　　　2.3　作用与反作用公理 …………………………………………………… 5

　　　　2.4　加减平衡力系公理 …………………………………………………… 7

　　　　2.5　平行四边形法则 ……………………………………………………… 7

　　任务 3　约束与约束反力 ………………………………………………………… 8

　　　　3.1　约束与约束反力的概念 ……………………………………………… 8

　　　　3.2　几种常见的约束及其约束力 ………………………………………… 8

　　任务 4　受力图 …………………………………………………………………… 14

　　思考与练习 ………………………………………………………………………… 15

项目二　平面任意力系 …………………………………………………………… 17

　　任务 1　概述 ……………………………………………………………………… 17

　　任务 2　力的投影 ………………………………………………………………… 18

　　　　2.1　力在直角坐标轴上的投影方法 ……………………………………… 18

　　　　2.2　力的投影计算 ………………………………………………………… 19

　　任务 3　平面汇交力系的平衡 …………………………………………………… 20

　　　　3.1　平面汇交力系的平衡条件 …………………………………………… 20

　　　　3.2　平面汇交力系平衡方程的应用 ……………………………………… 20

　　任务 4　力矩 ……………………………………………………………………… 22

　　　　4.1　力矩的概念 …………………………………………………………… 22

　　　　4.2　力矩的计算 …………………………………………………………… 23

　　任务 5　力偶 ……………………………………………………………………… 25

　　　　5.1　力偶的概念 …………………………………………………………… 25

　　　　5.2　力偶的性质 …………………………………………………………… 27

　　　　5.3　平面力偶系的平衡条件 ……………………………………………… 28

任务 6　平面一般力系的平衡 ……………………………………… 28
　　6.1　平面一般力系的平衡条件 …………………………………… 29
　　6.2　平面一般力系的平衡方程 …………………………………… 31
　　6.3　物体系统的平衡 ……………………………………………… 32
项目小结 ………………………………………………………………… 34
思考与练习 ……………………………………………………………… 35

**项目三　杆件的轴向拉伸和压缩** ……………………………………… 37
　任务 1　杆件四种基本变形及组合变形概述 …………………………… 37
　　1.1　杆件四种基本变形 …………………………………………… 37
　　1.2　组合变形 ……………………………………………………… 39
　任务 2　直杆轴向拉、压横截面上的内力 …………………………… 39
　　2.1　内力的概念 …………………………………………………… 39
　　2.2　截面法求轴力 ………………………………………………… 40
　　2.3　轴力图的绘制 ………………………………………………… 41
　任务 3　直杆轴向拉、压横截面上的正应力 ………………………… 42
　　3.1　应力的概念 …………………………………………………… 42
　　3.2　轴向拉、压杆横截面上的正应力分布规律 ………………… 42
　任务 4　直杆轴向拉、压的强度计算 ………………………………… 44
　　4.1　许用应力的概念 ……………………………………………… 44
　　4.2　轴向拉、压杆的强度条件 …………………………………… 44
　任务 5　直杆轴向拉、压的变形 ……………………………………… 47
　　5.1　弹性变形与塑性变形 ………………………………………… 47
　　5.2　胡克定律 ……………………………………………………… 47
　任务 6　直杆轴向拉、压在工程中的应用 …………………………… 48
　项目小结 ……………………………………………………………… 49
　思考与练习 …………………………………………………………… 51

**项目四　直梁弯曲** ……………………………………………………… 52
　任务 1　弯曲变形和梁的形式 ………………………………………… 52
　　1.1　弯曲变形 ……………………………………………………… 52
　　1.2　梁的形式 ……………………………………………………… 52
　任务 2　梁的内力——剪力和弯矩 …………………………………… 54
　　2.1　剪力与弯矩的概念 …………………………………………… 54
　　2.2　剪力与弯矩的正负号 ………………………………………… 54
　　2.3　用截面法计算梁指定截面的内力 …………………………… 55
　　2.4　剪力和弯矩的计算规律 ……………………………………… 56
　任务 3　梁的内力图——剪力图与弯矩图 …………………………… 57
　　3.1　剪力图和弯矩图的概念 ……………………………………… 57

　　　3.2　梁内力图的规律 ……………………………………………………… 57
　　　3.3　梁内力图的绘制 ……………………………………………………… 58
　任务 4　梁的正应力及其强度条件 ……………………………………………… 61
　　　4.1　梁的正应力 ………………………………………………………… 61
　　　4.2　梁的正应力计算 …………………………………………………… 62
　　　4.3　梁的正应力强度条件 ……………………………………………… 63
　任务 5　梁的变形 ………………………………………………………………… 65
　　　5.1　挠度的概念 …………………………………………………………… 65
　　　5.2　最大挠度所在位置及其影响因素 ………………………………… 65
　任务 6　直梁弯曲在工程中的应用 ……………………………………………… 67
　　　6.1　弯矩图在工程中的应用 …………………………………………… 67
　　　6.2　提高梁抗弯强度的措施 …………………………………………… 68
　　　6.3　动荷载作用对受弯构件的影响 …………………………………… 71
　项目小结 …………………………………………………………………………… 72
　思考与练习 ………………………………………………………………………… 73

项目五　影响受压构件稳定性的因素 ……………………………………………… 77
　任务 1　受压构件平衡状态的稳定性 …………………………………………… 77
　　　1.1　失稳的概念 …………………………………………………………… 77
　　　1.2　受压杆件临界力计算公式 ………………………………………… 77
　　　1.3　提高压杆稳定性的措施 …………………………………………… 78
　项目小结 …………………………………………………………………………… 80
　思考与练习 ………………………………………………………………………… 80

项目六　平面体系的几何组成分析 ………………………………………………… 81
　任务 1　几何不变体系的简单组成规则 ………………………………………… 81
　　　1.1　概述 …………………………………………………………………… 81
　　　1.2　平面体系的计算自由度 …………………………………………… 81
　　　1.3　几何不变体系的简单组成规则 …………………………………… 84
　任务 2　瞬变体系 ………………………………………………………………… 86
　任务 3　机动分析举例 …………………………………………………………… 87
　任务 4　几何构造与静定性的关系 ……………………………………………… 89
　思考与练习 ………………………………………………………………………… 90

项目七　静定结构的内力分析 ……………………………………………………… 93
　任务 1　静定梁 …………………………………………………………………… 93
　　　1.1　静力平衡 ……………………………………………………………… 93
　　　1.2　静定梁 ………………………………………………………………… 96
　　　1.3　叠加法作弯矩图 …………………………………………………… 97

1.4　斜梁　……………………………………………… 100
1.5　多跨静定梁　……………………………………… 102
任务2　静定平面刚架　………………………………… 104
　2.1　钢架概述　………………………………………… 104
　2.2　钢架内力分析　…………………………………… 104
任务3　静定平面桁架及组合结构　…………………… 107
　3.1　桁架的概念　……………………………………… 107
　3.2　桁架的内力计算　………………………………… 109
　3.3　静定组合结构　…………………………………… 111
　3.4　静定结构的特性　………………………………… 112
思考与练习　……………………………………………… 112

项目八　静定结构的位移计算　………………………… 114
任务1　结构位移的概念　……………………………… 114
　1.1　结构位移　………………………………………… 114
　1.2　结构位移计算的目的　…………………………… 115
　1.3　位移计算的有关假设　…………………………… 115
任务2　变形体系的虚功原理　………………………… 116
　2.1　虚功和刚体系虚功原理　………………………… 116
　2.2　变形体系虚功原理　……………………………… 116
任务3　静定结构在荷载作用下的位移计算　………… 117
　3.1　结构位移计算的一般公式　……………………… 117
　3.2　单位荷载的设置　………………………………… 118
　3.3　静定结构在荷载作用下的位移计算　…………… 119
任务4　图乘法　………………………………………… 121
思考与练习　……………………………………………… 123

项目九　力法　…………………………………………… 125
任务1　超静定结构概述　……………………………… 125
　1.1　超静定结构的概念　……………………………… 125
　1.2　超静定次数的确定　……………………………… 125
任务2　力法原理和力法方程　………………………… 128
　2.1　力法基本原理　…………………………………… 128
　2.2　力法典型方程　…………………………………… 130
　2.3　力法一般方程的建立　…………………………… 131
任务3　用力法计算超静定结构　……………………… 131
　3.1　超静定梁和刚架　………………………………… 131
　3.2　超静定桁架和排架　……………………………… 133
　3.3　超静定组合结构　………………………………… 134
任务4　对称性的利用　………………………………… 136

    4.1　选取对称的基本结构 ·············································· 136

    4.2　荷载分组 ······························································ 137

    4.3　半结构的计算(半刚架法) ····································· 139

  思考与练习 ································································· 141

**项目十　位移法和力矩分配法** ········································· 144

  任务1　位移法 ···························································· 144

    1.1　位移法基本变形假设 ·········································· 144

    1.2　位移法的基本未知量 ·········································· 144

    1.3　位移法的杆端内力 ·············································· 146

    1.4　位移法原理 ······················································· 146

    1.5　位移法求解超静定结构的步骤及应用 ··············· 148

  任务2　力矩分配法 ······················································ 153

    1.1　力矩分配法的基本概念 ······································· 153

    1.2　力矩分配法的计算步骤及应用 ··························· 155

  项目小结 ····································································· 161

  思考与练习 ································································· 161

**附录** ············································································ 163

  附录一　截面的几何性质 ·············································· 163

  附录二　等截面超静定杆的杆端弯矩和内力表 ··············· 169

  附录三　常用型钢表 ····················································· 171

**参考文献** ······································································ 186

# 项目一 力和受力图

 **基础知识**

力、静力学公理、约束及其约束力。

 **岗位技能**

约束的简化分析、受力图的绘制。

在建筑工程的施工和使用过程中,其结构和构件都承受着各种力的作用,有的力会使它们产生运动和变形,有的力则限制它们的运动和变形。在工程中力无处不在,工程技术人员要分析和解决工程中的力学问题,首先必须熟悉力的基本性质,并熟练掌握分析物体受力情况的基本方法。

## 任务 1 力的基本知识

### 1.1 力的概念

**观察与思考** ◄·▷

在日常生活中,我们常常会看到这样一些现象:用手推车,车由静止开始运动(图 1.1(a));人坐在沙发上,沙发会发生变形(图 1.1(b))。为什么车由静止开始运动?为什么沙发会发生变形?

如图 1.1 所示,人对车、沙发施加了力,使车的运动状态发生了变化,使沙发发生了变形。但同时也感到车对人、沙发对人也有反作用力。

综合无数事例,可以概括出力的概念:力是物体间的相互作用,这种作用引起物体的运动状态发生变化或使物体产生变形。

在理解力的概念时要注意以下问题:

第一,物体的运动状态发生变化,是指物体速度大小或运动方向的改变;物体的变形是指物体的形态或大小发生变化。

第二,力是物体与物体之间的相互作用。因此力不可能脱离实际物体而单独存在。任何一个力都是一个物体对另一个物体的作用。任何力都是成对出现的。有受力体必定有施力体。

第三,两物体间的相互作用可以是直接接触,也可以不直接接触。

图 1.1

## 1.2　力的三要素

**观察与思考**◀·······

如图 1.2 所示,将长方体木块放在桌面上,如果对木块施加的作用力 $F$ 的大小发生变化,或 $F$ 的位置发生变化,作用效果分别会怎样呢?

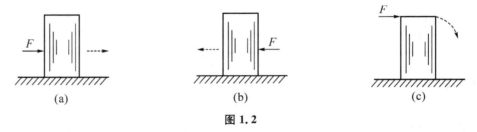

图 1.2

由实践可知,力对物体的作用效果取决于以下三个要素:力的大小,力的方向,力的作用点。在力的三个要素中,有任何一个要素改变时,都会对物体产生不同的效果。

力的大小是指物体间相互作用的强弱程度,力大则对物体的作用效果也大,力小则作用效果也小。力的大小可以用测力器测定。在国际单位制中,力的度量单位是牛顿(N)和千牛顿(kN)。1 kN＝1 000 N。

**生活体验**

请同学们伸出双手,用力鼓掌来体验一下力的大小与其作用效果之间的关系。

力具有方向。假设我们用同样大小的力推动木块:从木块左面推,木块向右运动(图 1.2(a));从木块右面推,木块向左运动(图 1.2(b))。可见,力的作用方向不同,对物体产生的效果也不同。

力对物体的作用效果还与力在物体上的作用点有关。施以同样大小和方向的推力推木块,如推力作用点较低,木块将向前移动(图 1.2(a));如推力作用点较高,木块将翻倒(图 1.2(c))。

力的大小、方向和作用点决定了力对物体的作用效果,改变这三个因素中的任一因素,都会改变力对物体的作用效果,因此,我们把力的大小、方向和作用点称为力的三要素。

力是一个既有大小又有方向的量,因此力是矢量。我们可用一个带箭头的线段来表示力,如图 1.3 所示,按一定比例尺画出的线段的长度表示力的大小,线段的方位和箭头的指向表示力的方向,线段的起点或终点表示力的作用点。代表力矢量的符号用粗体字母表示,如 $\boldsymbol{F}$、$\boldsymbol{F}_N$;有时为了方便,也可在细体字母上加一箭头来表示力矢量,如 $\vec{F}$、$\vec{F}_N$。

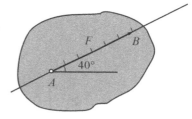

**图 1.3**

力的方向通常包含方位和指向两个含义。例如,重力的方向是"铅垂向下",水平推力的方向是"水平向前"。

力的作用点就是力对物体作用的位置。

# 任务 2    静力学公理

静力学公理是人们在长期生活和生产实践中的经验总结。这些公理简单而明显,无需证明而被公认,它是研究力系平衡条件的基础。

## 2.1    平衡的概念

物体的平衡状态,是指物体相对于地球保持静止或做匀速直线运动的状态。正常情况下静止的房屋、水坝、水塔、桥梁以及匀速吊装的构件,它们相对于地球都是处于平衡状态。

同时作用在一个物体上的一群力称为力系。物体在力系作用下一般会产生各种不同的运动。要使物体处于平衡状态,就必须使作用于物体上的力系满足一定的条件,这些条件称为力系的平衡条件,使物体处于平衡状态的力系称为平衡力系。物体在各种力系作用下的平衡条件在建筑工程中有着广泛的应用。

### 2.2　二力平衡公理

**观察与思考**

如图 1.4 所示,杂技演员头顶大缸,就像缸黏在头顶上一样,这时缸处于平衡状态。缸受到哪些力的作用,为什么会处于平衡状态呢?

此时缸只受到两个力的作用,一个是缸的重力 $W$,一个是头顶对缸的支承力 $F_N$。杂技演员随着缸的不断晃动,不时变换身体的位置,其目的就是始终使缸的重力 $W$ 的作用线与头顶对缸的支承力 $F_N$ 的作用线重合,以保持缸的相对平衡。

**图 1.4**

作用在同一个物体上的两个力,使该物体处于平衡状态的条件是:这两个力大小相等,方向相反,作用在同一条直线上。这就是二力平衡公理。

这个公理说明了一个物体在两个力作用下处于平衡状态时应满足的条件(图 1.5)。

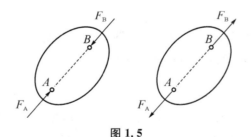

**图 1.5**

**工程实例**

工程上将结构中只在两点受力而处于平衡状态的杆件称为二力构件或二力杆。如图 1.6(a) 所示钢架中的 $BC$ 曲杆(杆的重力略去不计),连接两个力的作用点成一直线,为二力的作用线(图 1.6(b)),这二力必等值、反向,否则构件无法保持平衡。如图 1.6(c)所示的桥梁桁架中的各杆也是二力杆。

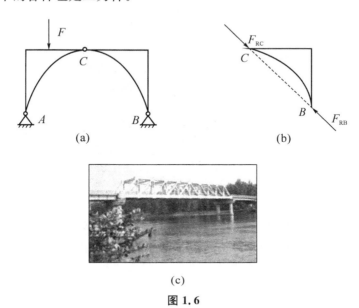

(a)　　　　　　　　　　　　　　　　　　(b)

(c)

**图 1.6**

**生活体验**

用手勾住你的圆珠笔的卡子,如图 1.7 所示,看看怎样才能平衡? 为什么?

**图 1.7**

### 2.3　作用与反作用公理

**观察与思考**

如图 1.8 所示,在火箭发射过程中,火箭升空时却向地面方向喷射出强大的气流;汽艇前进时螺旋桨往后推水;墨鱼要前进则向后喷水。这都是为什么呢?

因为力是物体间的相互作用,那么,在甲物体对乙物体作用一个力的同时,乙物体必然也有一个反作用力作用在甲物体上。

**图 1.8**

火箭靠向下喷气产生的反作用力而升空;汽艇靠向后推水产生的反作用力而前进;墨鱼靠向后喷水产生的反作用力使自身向前运动。

这说明作用力和反作用力总是成对出现的,而且方向相反。

## 生活体验

请两位同学各自手拿一弹簧秤,把两秤搭连后各自向相反的方向拉,$A$ 弹簧秤显示甲拉乙的力,$B$ 弹簧秤显示乙拉甲的力,我们会看到 $A$、$B$ 两秤显示的刻度始终相同(图 1.9)。

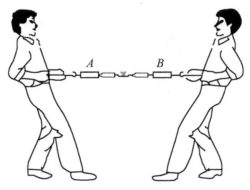

**图 1.9**

两个物体间的作用力和反作用力总是同时存在,它们大小相等,方向相反,沿同一条直线,分别作用在两个物体上。这就是作用与反作用公理。

必须注意:不能把二力平衡问题和作用与反作用关系混淆起来。二力平衡公理中的两个力是作用在同一物体上的,它们是平衡力。而作用与反作用力公理中的两个力分别作用在两个不同的物体上,虽然是大小相等、方向相反、作用在同一直线上,但不能平衡。

### 2.4　加减平衡力系公理

在作用于某物体(不考虑变形)的力系中,加入或减去一个平衡力系,并不改变原力系对物体的作用效果。这是因为一个平衡力系作用在物体上,对物体的运动状态是没有影响的,所以在原来作用于物体的力系中加入或减去一个平衡力系,物体的运动状态是不会改变的,即新力系与原力系对物体的运动效果相同。

**观察与思考**

如图 1.10 所示,用同样大小的力推车和拉车,对车的运动效果是否相同?

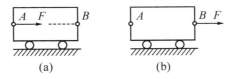

图 1.10

实践证明,用推力 $F$ 作用于小车的 $A$ 点,如图 1.10(a)所示,与用大小、方向均相同的拉力 $F$ 作用于 $B$ 点($A$、$B$ 两点在同一直线上)产生的运动效果是相同的(图 1.10(b))。

推论(力的可传性原理):作用在物体上的力可沿其作用线移到物体的任意一点,而不改变该力对物体的运动效果。

### 2.5　平行四边形法则

重量为 $W$ 的物体,用一根绳悬挂(图 1.11(a))或者用两根绳悬挂(图 1.11(b)),都能使重物处于平衡状态。因此,一个力 $F_R$ 对物体的作用,相当于两个力 $F_1$、$F_2$ 共同对物体的作用。我们把力 $F_R$ 称为力 $F_1$、$F_2$ 的合力,而把力 $F_1$、$F_2$ 称为力 $F_R$ 的两个分力。

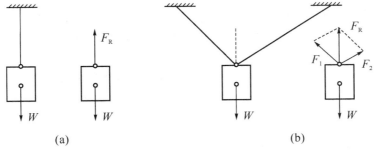

图 1.11

交于一点的两个力的合力,由力的平行四边形法则来确定:

作用于物体上同一点的两个力,可以合成为一个合力,合力的作用点也在该点,合力的大小和方向用以两分力为邻边所构成的平行四边形的对角线表示。

如图 1.12 所示力可沿其作用线移动的性质,使得推车和拉车的运动效果相同。

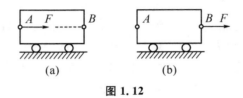

(a)　　　　　　　(b)

**图 1.12**

# 任务 3　约束与约束反力

## 3.1　约束与约束反力的概念

**观察与思考**

在日常生活中,我们看到:绳索悬挂的灯、支承在墙上或柱子上的梁都掉不下来;人坐在椅子上也掉不下来。为什么灯、梁和椅子上的人都不能向下运动呢?

因为灯、梁和坐在椅子上的人的运动受到周围物体的限制,而不可能在空间某些方向运动。这种限制物体运动的物体在力学中称为约束。绳索是灯的约束,墙或柱子是其所支承的梁的约束,椅子是坐在它上面的人的约束。

从而引入约束、约束反力和主动力的概念:

(1)约束

把限制物体运动的物体(通常是两物体相互接触而产生限制,同时约束也是相互的)称为约束。

(2)约束反力

约束对被约束物体运动的阻碍作用,是一种力的作用,这种力叫做约束反力。其方向总是与约束所能限制的运动方向相反,其作用效果是限制被约束物体的运动。

(3)主动力

与约束反力对应,主动使物体运动或使物体有运动趋势的力称为主动力。如重力、风压力、土压力等。主动力在工程上称为荷载。一般情况下,物体总是同时受到主动力和约束力的作用。主动力通常是已知的,而约束力则是未知的。

## 3.2　几种常见的约束及其约束力

(1)柔体约束

由绳索、链条、胶带等构成的约束,只能承受拉力,不能承受压力,称为柔体约束。它只能限制物体沿着柔体伸长方向的运动。通过接触点,沿柔体中心线作用的拉力,即背离被约束的物体约束反力的方向总是和该约束所能阻碍物体的运动方向相反,如图 1.13 所示。

图 1.13

（2）光滑面约束

只能限制物体沿着光滑面的垂线并指向光滑面的运动，而不能限制物体沿着光滑面或离开光滑面的运动。通过接触点，沿接触面在该点的垂线方向作用的压力，即指向被约束的物体。如图 1.14 所示。

图 1.14

（3）链杆约束

杆件两端是铰（或固定铰支座），且两铰之间不受任何力杆称为链杆。只能限制物体沿链杆的轴线方向的运动，而不能限制其他方向的运动。链杆的约束反力沿链杆两端铰的连线，指向不定。如图 1.15 所示。

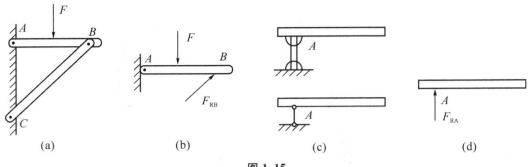

图 1.15

（4）三种支座

①可动铰支座

不能限制物体绕销钉轴线的转动和沿支承面方向的移动，只能限制构件沿垂直于支承面方向的移动。通过构件与支承面，并垂直于支承面，方向可能向上，也可能向下。如图 1.16 所示。

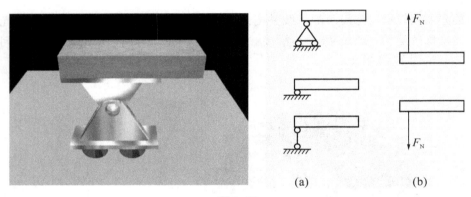

图 1.16

**观察与思考** ◀•▬

房屋建筑中常将横梁支承在砖墙上，如图 1.17 所示。砖墙是横梁的支座。这种支座对横梁起着怎样的作用呢？

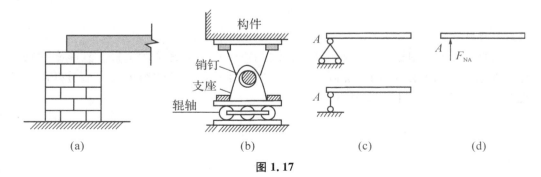

图 1.17

　　在工程实际中,大型钢梁或一些钢架桥以及立交桥的伸缩缝处的一端常采用可动铰支座(如图 1.18 所示)。其作用是:当因热胀冷缩而长度稍有变化时,可动铰支座相应地沿支承面滑动,从而避免温度变化引起的不良后果。

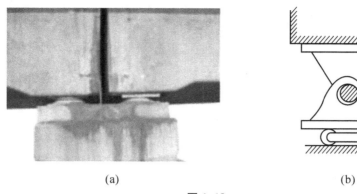

(a)　　　　　　　　　　　　(b)

图 1.18

②固定铰支座

可限制物体在垂直于销钉轴线的平面内沿任意方向的移动,而不限制构件绕销钉轴线的转动。其约束力可用两个互相垂直的未知力 $F_x$、$F_y$ 来表示。如图 1.19 所示。

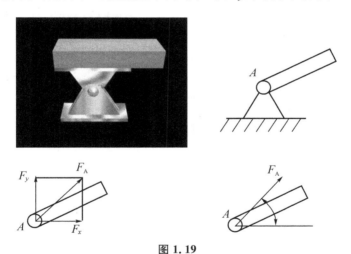

图 1.19

**观察与思考**

　　如图 1.20 所示的屋架,其端部支承在柱子上,通过预埋在屋架和柱子上的两块垫板间的焊缝连接,柱子对屋架起着怎样的作用呢?

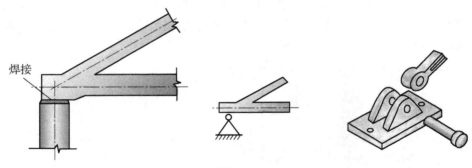

图 1.20

　　铰链:如图 1.21 所示,将一个圆柱形光滑销钉插入两个物体的圆孔中,就构成了圆柱铰链(图 1.21(a)),圆柱铰链简称为铰链。门窗用的合页就是圆柱铰链的实例。这种约束不能限制物体绕销钉转动,但能限制物体在垂直于销钉轴线的平面内沿任意方向的移动。圆柱铰链的约束力也垂直于销钉轴线,用两个互相垂直的未知力 $F_x$、$F_y$ 来表示。

　　③固定端支座

　　既限制构件沿任何方向的移动,又限制构件的转动。作用于插入处的水平约束反力和竖向约束反力,还有一个阻止转动的力偶。如图 1.22 所示输电杆与地基的联结的固定端。

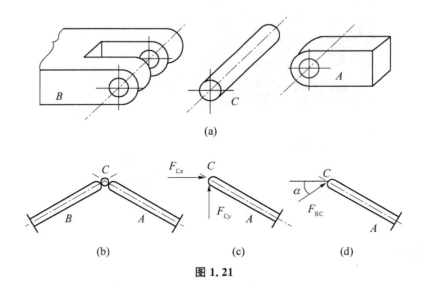

(a)

(b)　　　　　(c)　　　　　(d)

图 1.21

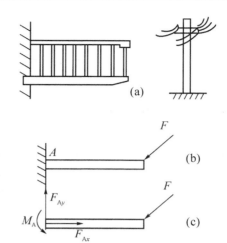

图 1.22

**观察与思考**

　　房屋建筑中的外阳台和雨篷呈悬挑形式,它的一端牢固地插入墙里,与墙固定在一起,如图1.23所示。墙对外阳台和雨篷起着怎样的作用呢?

　　钢筋混凝土柱,插入基础部分较深,而且四周又用混凝土与基础浇筑在一起,也属于固定端支座。如图1.24所示。

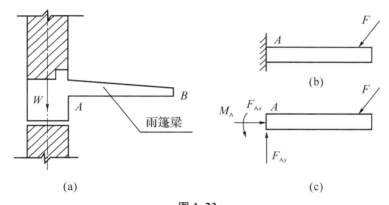

图 1.23

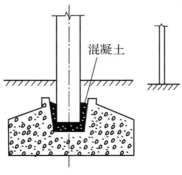

图 1.24

# 任务4　受力图

在分离体上画出周围物体对它的全部作用力(包括主动力和约束力),这样的图形称为分离体图,又称受力图。受力图就是反映物体受力情况的图形,因此,该图形上只能画物体本身受到的所有的力,不能画它对周围物体的作用力,同时,此图形上还应该清楚地反映出每一个力的大小(箭头的长短可以画示意性的长度)、方向(有些约束反力的指向可以假设)和作用点(各个力的作用点位置必须明确)。

将研究对象从其周围的物体中分离出来,单独画出。被分离出来的研究对象称为分离体(或脱离体)。

作受力图要点如下:

(1) 明确研究对象。

首先明确要画哪一个物体的受力图,然后把它所受的全部约束去掉,单独画出该研究物体的简图——画分离体。

(2) 注意约束反力与约束一一对应。

每解除一个约束,就有与它相应的约束反力作用在研究对象上,约束反力的方向依据约束的类型来画,不可根据主动力的方向简单推断。

(3) 注意作用与反作用关系。

在分析两物体之间的相互作用时,要符合作用与反作用的关系。作用力的方向一经确定,反作用力的方向就必须与它相反,不能再随意假设。此外,如取物体系统为研究对象,系统内各物体间成对出现的相互作用力不画出来。而画系统的某一部分的受力图时,要注意被拆开的相互联系处,有相应的约束反力,且约束反力是相互间的作用,一定要遵守作用与反作用公理。

(4) 同一约束反力的方向在不同的受力图中应保持一致。

(5) 画受力图时,通常应先找出二力杆或二力构件,画出它的受力图,然后再画其他物体的受力图。

**例 1.1**　图 1.25(a)中的梯子 $AB$ 重 $W$,在 $C$ 处用绳索 $CD$ 拉住,$A$、$B$ 处分别放在光滑的墙及地面上。试画出梯子的受力图。

**解**:(1) 以梯子 $AB$ 为研究对象,将其单独画出。

(2) 作用在梯子上的主动力是已知的重力 $W$,作用在梯子的中点,铅垂向下。

(3) 光滑墙面的约束力是 $F_{NA}$,它通过接触点 $A$,垂直于梯子并指向梯子;光

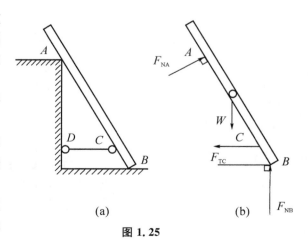

(a)　　　　　(b)

**图 1.25**

滑地面的约束力是 $F_{NB}$,它通过接触点 $B$,垂直于地面并指向梯子;绳索的约束力是 $F_{TC}$,其作用于绳索与梯子的接触点 $C$,沿绳索中心线,背离梯子。梯子 $AB$ 的受力图如图 1.25(b)所示。

力的三要素决定了力对物体的作用效果。

作用力与反作用力的关系和二力平衡条件有本质区别:作用力与反作用力是分别作用在两个不同的物体上;而二力平衡条件中的两个力则是作用在同一物体上,它们是平衡力。

约束反力的方向一定要和被解除的约束类型相对应,不可根据主动力的方向来简单推断。

画受力图时一定要根据具体情况具体分析,特别要注意作用力与反作用力关系的运用。

受力图中只能有被研究的物体和该物体本身所受到的力。

**课堂实训**

1. 试分别画出图 1.26 中 $AB$ 杆、$AC$ 杆的受力图。

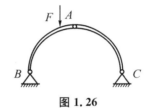

**图 1.26**

2. 试分别画出图 1.27 中 $AB$ 杆、$BC$ 杆及整体的受力图。

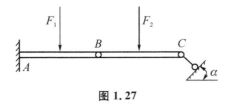

**图 1.27**

**思考与练习**

1. 请画出图 1.28 中 $AB$ 杆的受力图。

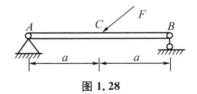

**图 1.28**

2. 请画出图 1.29 中 AB 杆的受力图。

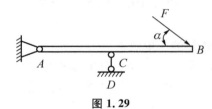

**图 1.29**

3. 请画出图 1.30 中轮 C 的受力图。

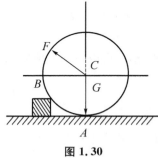

**图 1.30**

4. 试画出图 1.31 中 A 结点的受力图。

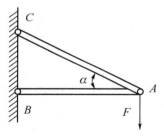

**图 1.31**

5. 试分别画出图 1.32 中 A 点、B 点的受力图。

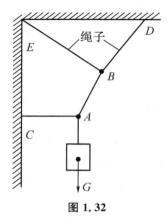

**图 1.32**

# 项目二　平面任意力系

## 任务 1　概述

平面力系是指力的作用线全在同一平面内的力系。平面力系可分为：平面汇交力系、平面平行力系、平面力偶系和平面任意力系。

力的作用线全在同一平面内,且全汇交于一点的力系称为平面汇交力系。如图 2.1 所示。

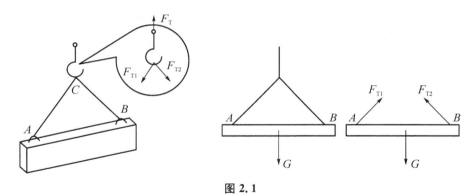

**图 2.1**

力的作用线全在同一平面内,且全部平行的力系称为平面平行力系。如图 2.2 所示。

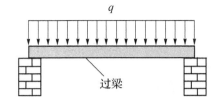

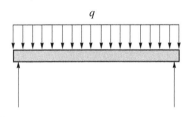

**图 2.2**

作用于同一个平面内的两个或两个以上的力偶称为平面力偶系。如图 2.3 所示多轴钻床在水平工件上钻孔时,工件受到一平面力偶系作用。

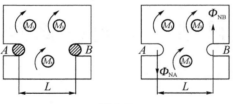

图 2.3

力的作用线全在同一平面内任意分布的力系称为平面任意力系。如图 2.4 所示。

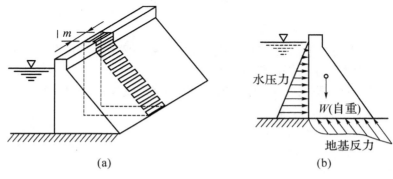

(a)                    (b)

图 2.4

# 任务 2　力的投影

**观察与思考**

一根直立的电线杆,在一天的不同时段里,电线杆留在地面上的影子长度是不同的,这是什么原因呢?

这是因为在不同时间段太阳光照射电线杆的角度是不同的,因而电线杆留在地面上的影子(即投影)长度也就随之变化。那么,力在直角坐标轴上的投影该怎么求呢?

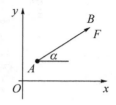

## 2.1　力在直角坐标轴上的投影方法

投影公式
$$\begin{cases} F_x = \pm F\cos\alpha \\ F_y = \pm F\sin\alpha \end{cases}$$
(2.1)

投影的正负号规定如下:从投影的起点 $a$ 到终点 $b$ 的指向与坐标轴的正向一致时,该投影取正号;与坐标轴的正向相反时取负号。如图 2.5(a)中,$F$ 在 $x,y$ 轴上的投影均为正,图 2.5(b)中,$F$ 在 $x$,$y$ 轴上的投影均为负。

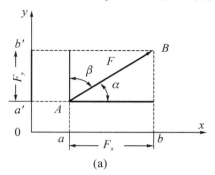
(a)

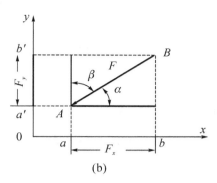
(b)

图 2.5

**交流与讨论**

关于力在坐标轴上的投影,下列说法错误的是　　　　　　　　　　　　　　　（　　）

A. 力的投影与坐标轴的选取必有关。

B. 力沿其作用线移动后,在坐标轴上的投影恒不变。

C. 两个力在同一坐标轴上的投影相等,则这两个力大小必相等。

D. 两个力在相互垂直的两个坐标轴上的投影分别相等,则这两个力大小必相等。

**结论：**

（1）当力与坐标轴垂直时,力在该轴上的投影为零；

（2）当力与坐标轴平行时,其投影的绝对值与该力的大小相等；

（3）当力平行移动后,在坐标轴上的投影不变。

2.2　力的投影计算

**例 2.1**　试求图 2.6 中各力在 $x$、$y$ 轴上的投影。已知 $F_1=100$ N,$F_2=150$ N,$F_3=F_4=200$ N。

**解**：$F_{x1}=F_1\cos 45°=100×0.707=70.7$ N

$F_{y1}=F_1\sin 45°=100×0.707=70.7$ N

$F_{x2}=-F_2\cos 30°=-150×0.866$

$=-129.9$ N

$F_{y2}=F_2\sin 30°=150×0.5=75$ N

$F_{x3}=F_3\cos 60°=200×0.5=100$ N

$F_{y3}=-F_3\sin 60°=-200×0.866$

$=-173.2$ N

$F_{x4}=F_4\cos 90°=0$

$F_{y4}=-F_4\sin 90°=-200×1=-200$ N

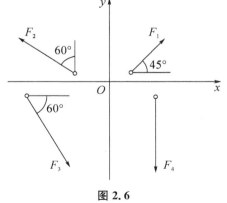
图 2.6

**合力投影定理**：平面汇交力系的合力在任意轴上的投影等于各分力在同一轴上投影

的代数和。

# 任务 3 平面汇交力系的平衡

## 3.1 平面汇交力系的平衡条件

力系中所有各力在两个坐标轴上的投影的代数和分别为零。

$$\begin{cases} \sum F_x = 0 \\ \sum F_y = 0 \end{cases} \tag{2.2}$$

式(2.2)即为平面汇交力系的平衡方程。

根据此平面汇交力系的平衡条件可以求两个未知量。

## 3.2 平面汇交力系平衡方程的应用

平面汇交力系只有两个独立的平衡方程,应用这两个方程可以求解两个未知量,步骤如下:

(1) 选取研究对象。

(2) 画受力图。要正确应用二力杆的性质,注意物体间的作用与反作用关系,当约束反力指向未定时应先假设。

(3) 选坐标轴。最好使某一坐标轴与一个未知力垂直,以便简化计算。

(4) 列平衡方程求解未知量。列方程时要注意各力的投影的正负号。如求出未知力为负值,说明该力的实际方向与假设的方向相反。

**例 2.2** 求如图 2.7(a)所示三角支架中杆 $AC$ 和杆 $BC$ 所受的力(已知重物 $D$ 重 $W = 10$ kN)。

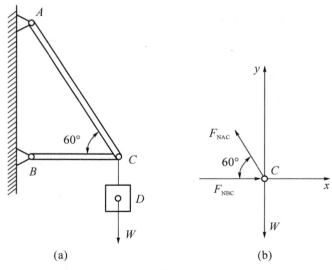

图 2.7

**解**：(1) 取铰 $C$ 为研究对象。因杆 $AC$ 和杆 $BC$ 都是二力杆，所以 $F_{NAC}$ 和 $F_{NBC}$ 的作用线都沿杆轴方向。现假定 $F_{NAC}$ 为拉力，$F_{NBC}$ 为压力，受力图如图 2.7(b)所示。

(2) 选取坐标系如图 2.7(b)所示。

(3) 列平衡方程，求解未知力 $F_{NAC}$ 和 $F_{NBC}$。

由 $\sum F_y = 0$，$F_{NAC} \sin 60° - W = 0$

得 $F_{NAC} = 11.55$ kN

由 $\sum F_x = 0$，$F_{NBC} - F_{NAC} \cos 60° = 0$

得 $F_{NBC} = F_{NAC} \cos 60° = 5.77$ kN

**例 2.3**　如图 2.8(a)所示起吊构件的情形。构件重 $W = 10$ kN，钢丝绳与水平线的夹角 $\alpha$ 为 45°。求构件匀速上升时钢丝绳的拉力。

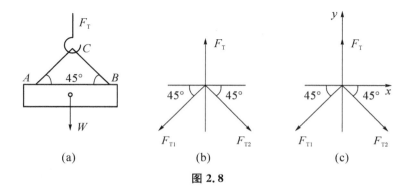

图 2.8

**解**：整体在重力 $W$ 和绳的拉力 $F_T$ 作用下平衡，是二力平衡问题，于是得到 $F_T = W = 10$ kN。

(1) 取吊钩 $C$ 为研究对象。设绳 $CA$ 的拉力为 $F_{T1}$，绳 $CB$ 的拉力为 $F_{T2}$，画受力图如图 2.8(b)所示。

(2) 选取坐标系如图 2.8(c)所示。

(3) 列平衡方程，求解未知力 $F_{T1}$ 和 $F_{T2}$：

$$\sum F_x = 0, \quad -F_{T1} \cos 45° + F_{T2} \cos 45° = 0 \qquad (a)$$

$$\sum F_y = 0, \quad F_T - F_{T1} \sin 45° - F_{T2} \sin 45° = 0 \qquad (b)$$

由式(a)得 $F_{T1} = F_{T2}$，代入式(b)得

$$F_{T1} = F_{T2} = \frac{W}{2 \sin 45°} = \frac{10}{2 \sin 45°} = 7.07 \text{ kN}$$

**交流与讨论**

图 2.9 绘出当 $\alpha$ 角分别为 60°、30°、15° 的情形。$\alpha$ 角越小，拉力 $F_{T1}$、$F_{T2}$ 越大，例如当

$\alpha=15°$时,$F_{T1}=F_{T2}=19.32$ kN,几乎等于构件自重的 2 倍。在现场施工中必须注意防止因吊索 $AC$、$BC$ 过短而被拉断的事故。

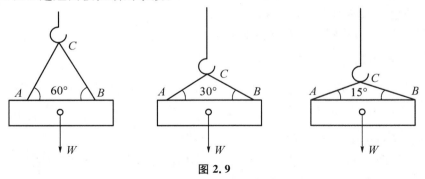

图 2.9

# 任务 4　力矩

### 4.1　力矩的概念

用力的大小与力臂的乘积 $Fd$ 再加上正号或负号表示力 $F$ 使物体绕 $O$ 点转的矩,简称为力矩。详见图 2.10。

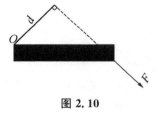

$$M_O(F) = \pm Fd \qquad (2.3)$$

需要注意的是,计算力臂必须要从矩心到力的作用线作垂线,这样求出的矩心到垂足的距离才是力臂。

图 2.10

**观察与思考**

如图 2.11 所示,用手推门、开窗时门、窗会发生转动,雨篷在力的作用下倾覆。这是为什么呢?

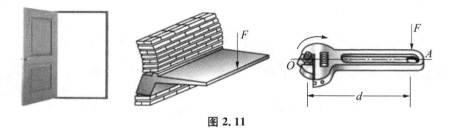

图 2.11

**交流与讨论**

如图 2.12 所示跷跷板,要想使其被快速压起来,左侧的小女孩选 $A$、$B$ 哪个位置?

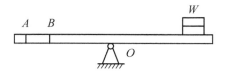

图 2.12

一般规定,使物体产生逆时针转动的力矩为正,使物体产生顺时针转动的力矩为负,所以力矩是代数量。

力矩的性质:

(1) 当力 $F$ 的大小等于零,或者力的作用线通过矩心(即力臂 $d=0$)时,力矩等于零。

(2) 当力沿作用线移动时,不会改变力对某点的矩。这是因为力的大小、方向及力臂的大小均未改变。

注意:力矩的大小和转向不仅与力有关,而且还与矩心的位置有关。

力矩的单位是力的单位和距离的单位的乘积。在国际单位制中常用单位是牛顿·米(N·m)或千牛顿·米(kN·m)。

### 4.2　力矩的计算

(1) 荷载的分类

荷载按作用的范围不同可分为集中荷载和分布荷载。如果荷载作用在结构上的面积与结构的尺寸相比很小,就称为集中荷载。用 $F$ 表示,其常用单位为牛(N)、千牛(kN)。例如梁对柱子或墙的压力属于集中荷载。如果荷载连续地作用在整个结构上或结构的一部分(不能看成集中荷载时),就称为分布荷载。例如水压力属于分布荷载,还有风荷载、雪荷载等。

当分布荷载在各处的大小均相同时,称为均布荷载,如图 2.13(a)所示过梁受到的自重荷载,它沿过梁轴线方向均匀分布,属于均布线荷载,用 $q$ 表示,其常用单位为牛/米(N/m)、千牛/米(kN/m)。当分布荷载在各处的大小不相同时,称为非均布荷载。如图2.13(b)所示水坝受到的水压力荷载。

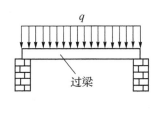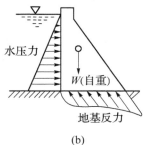

(a)　　　　　　　　　　　　　　　　　(b)

图 2.13

**例 2.4** 扳手分别受到 $F_1$、$F_2$、$F_3$ 作用,如图 2.14 所示。求各力分别对螺帽中心点 $O$ 的力矩。已知 $F_1 = F_2 = F_3 = 100$ N。

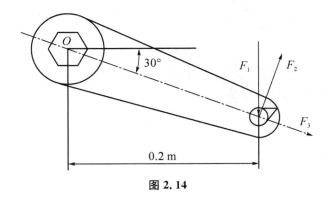

**图 2.14**

**解**：$M_O(F_1) = -F_1 \times d_1 = -100 \times 0.2 = -20$ N·m

$$M_O(F_2) = F_2 \times d_2 = 100 \times \frac{0.2}{\cos 30°} = 23.1 \text{ N·m}$$

$$M_O(F_3) = -F_3 \times d_3 = -100 \times 0 = 0 \text{ N·m}$$

均布线荷载力矩的计算公式：

$$M_O(q) = M_o(FR) = \pm FR \cdot d \tag{2.4}$$

均布线荷载力矩工程实例如图 2.15(a)所示。

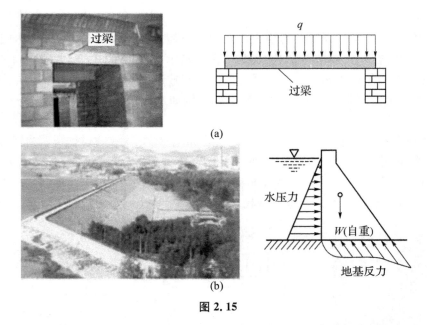

**图 2.15**

**例 2.5** 试计算如图 2.16(a)、(c)所示均布线荷载 $q$ 分别对点 $O$、$A$ 之矩。

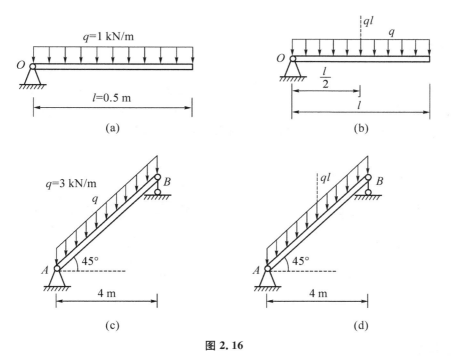

图 2.16

**解**:(1) 均布线荷载的合力 $F_R$ 大小为 $ql$,合力到点 $O$ 的距离为 $\dfrac{l}{2}$(图 2.16(b)),因此均布线荷载 $q$ 对点 $O$ 之矩为:

$$M_O(q) = ql \times \frac{l}{2} = \frac{ql^2}{2} = \frac{1 \times 0.5^2}{2} = 0.125 \text{ kN} \cdot \text{m}$$

(2) 均布线荷载的合力 $F_R$ 大小为

$$F_R = ql_{AB} = 3 \times 4/\cos 45° = 16.97 \text{ kN}$$

合力到点 $A$ 的距离为 2 m(图 2.16(d)),因此均布线荷载 $q$ 对点 $A$ 之矩为:

$$M_A(q) = -F_R d = -16.97 \times 2 = -33.94 \text{ kN} \cdot \text{m}$$

注意:计算均布荷载的力矩时,其解题思路为:计算均布荷载的合力并确定合力的作用位置→求作力臂→判断力矩的转向→按力矩定义计算。

提示:均布荷载的合力等于均布荷载集度乘以其作用线长度。本例中图 2.16(c)中均布荷载的作用线长度应为斜边 $AB$,而不是水平长度。

# 任务5　力偶

## 5.1　力偶的概念

由大小相等、方向相反、作用线平行但不共线的两个力组成的力系,称为力偶。

## 观察与思考 ◄━

司机驾驶汽车时,两手加在方向盘上的一对力使方向盘绕轴杆转动(图 2.17(a));钳工用丝锥攻螺纹时,加在丝锥上的一对力使丝锥转动(图 2.17(b));此外,还有用手开关水龙头、拿钥匙开门锁等,都是这种情况。这对力是如何作用在物体上的?

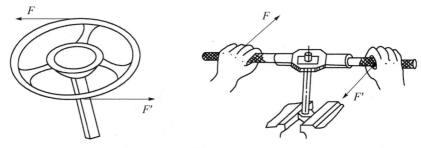

图 2.17

## 生活体验 ◄━

用手开关水龙头、用钥匙开门(图 2.18),体验一下你是如何把力偶作用在水龙头和钥匙上的?

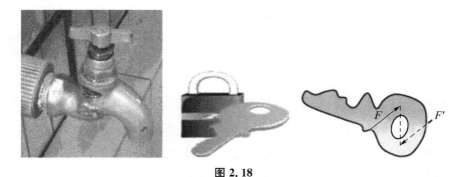

图 2.18

上述实例都是由两个大小相等、方向相反、不在同一作用线上的平行力使物体产生转动的情况。实践证明,这样的两个力 $F$、$F'$ 组成的力系对物体只产生转动效应,而不产生移动效应,这种力系称为力偶,用符号($F$,$F'$)表示。组成力偶的两个力 $F$、$F'$ 所在的平面称为力偶作用面。力偶的两个力作用线之间的垂直距离称为力偶臂,用 $d$ 表示。见图 2.19。

由实验可知,力偶对物体的作用效果的大小,既与力 $F$ 的大小成正比,又与力偶臂 $d$ 的大小成正比,因此,可用两者的乘积 $Fd$ 加上正负号来度量力偶的作用效果,这个乘积称为力偶矩,用 $M_e$ 表示。

若力偶使物体做逆时针转动,则力偶矩为正;反之,则为负。

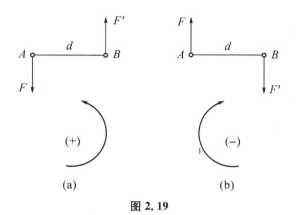

图 2.19

特别注意:组成力偶的两个力虽然大小相等、方向相反,但却不在同一作用线上,所以不是一对平衡力。所以力偶矩为代数量,即:

$$M_e = \pm Fd \tag{2.5}$$

力偶矩的单位和力矩的单位相同,常用牛顿·米(N·m)或千牛顿·米(kN·m)表示。

**交流与讨论**

要使边长 $a = 4\ \text{m}$、$b = 2\ \text{m}$ 的矩形钢板转动,需加力 $F = F' = 200\ \text{N}$,如图 2.20 所示。若想最省力应如何加力? 求该最小的力。

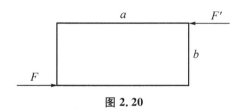

图 2.20

### 5.2  力偶的性质

**性质 1**  力偶在任意轴上的投影等于零,因而力偶没有合力,不能用一个力来代替,也不能与一个力平衡,力偶只能和力偶平衡。

**性质 2**  力偶对其作用面内任一点之矩都等于力偶矩,而与矩心的位置无关。

**性质 3**  在保持力偶矩大小和力偶转向不变的情况下,力偶可在其作用面内任意搬移,或同时改变力和力偶臂的大小,力偶对物体的转动效应不变。

日常生活中,司机操纵方向盘时,不管手放在 1—1 位置还是 2—2 位置,因为此时的力偶臂不变,所以只要力的大小不变,转动效果就一样(图 2.21(a));用丝锥攻螺纹时,所施的力不论组成力偶($F_1$,$F_1'$)或组成力偶($F_2$,$F_2'$),只要 $F_1 d_1 = F_2 d_2$,效果都一样(图 2.21(b))。

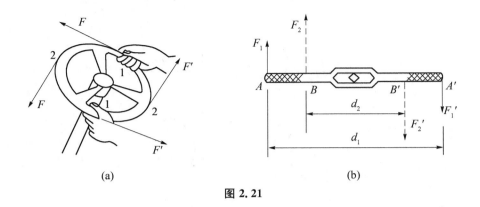

图 2.21

### 5.3 平面力偶系的平衡条件

作用于同一个平面内的两个或两个以上的力偶构成平面力偶系,平面力偶系的合成结果是合力偶,其平衡条件是合力偶矩为零或力偶系中所有各力偶矩的代数和为零,即

$$\sum M_{ei} = 0$$

利用此式求解平面力偶系的平衡问题,可求出一个未知量。

**例 2.6** 梁 $AB$ 上作用一个力偶,其力偶矩 $M_e = 100$ kN/m,力偶的转向如图 2.22(a)所示。若梁长 $l = 5$ m,重量不计,试求 $A$、$B$ 支座的反力。

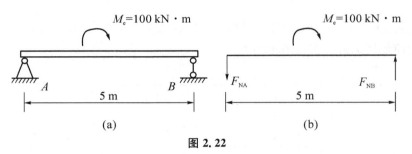

图 2.22

**分析**:梁处于平衡状态,梁上荷载只有一个力偶,而力偶只能与力偶平衡。所以支座反力必组成一个力偶,与之平衡,支座反力如图 2.22(b)所示。

**解**:(1) 画受力图如图 2.22(b)所示。

(2) 物体在力偶系作用下处于平衡状态,满足平衡方程:

由 $\sum M_{ei} = 0$ 得 $F_{NA}l - M_e = 0$

所以:$F_{NA} = 20$ kN($\downarrow$)

$F_{NB} = F_{NA} = 20$ kN($\uparrow$)

# 任务6 平面一般力系的平衡

在土木工程中常见的平面桁架、水坝、挡土墙等,作用在其上的平面力系都是平面一般力系。

### 6.1  平面一般力系的平衡条件

物体在平面一般力系作用下处于平衡状态,该物体就不能产生移动和转动,因此平面一般力系的平衡条件为:力系中所有各力在两个坐标轴中 $x$、$y$ 每一轴上的投影的代数和都等于零;力系中所有各力对任一点的力矩的代数和等于零。即:

$$\begin{cases} \sum F_x = 0 \\ \sum F_y = 0 \\ \sum M_O(F) = 0 \end{cases} \tag{2.6}$$

式(2.6)称为平面一般力系平衡方程的基本形式,其中前两个称为投影方程,后一个称为力矩方程。我们也可以理解为:物体在力系的作用下,不能沿 $x$ 轴和 $y$ 轴方向产生移动,并且物体不能绕任一点转动。

平面一般力系的平衡方程除了上面的基本形式外,还有另一种表示形式(二力矩形式),即:

$$\begin{cases} \sum F_x = 0 \\ \sum M_A(F) = 0 \\ \sum M_B(F) = 0 \end{cases} \tag{2.7}$$

其中 $A$、$B$ 两点的连线不能与 $x$ 轴垂直。

平面一般力系的平衡方程虽有两种形式,但无论采用哪种形式,都只能写出三个独立的平衡方程,因此只能求解三个未知量。

在实际解题时,所选的平衡方程形式应尽可能使计算简便,力求在一个方程中只包含一个未知量,避免求解联立方程。

特别注意:二力矩形式的限制条件是 $A$、$B$ 两点的连线不与 $x$ 轴垂直。

**例 2.7**  悬臂梁 $AB$ 上受到集度为 $q$ 的均布荷载作用,并在 $B$ 端作用一集中力 $F$,如图 2.23(a)所示。设梁长 $l=2$ m,$q=4$ kN/m,$F=10$ kN,试求固定端 $A$ 的约束力。

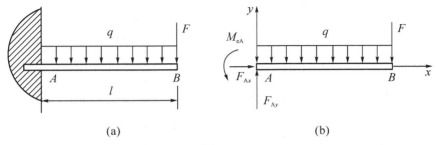

(a)                                    (b)

**图 2.23**

**解**:画出 $AB$ 的受力图如图 2.23(b)所示。

由 $\sum F_x = 0$ 得 $F_{Ax} = 0$

由 $\sum F_y = 0, F_{Ay} - ql - F = 0$

得 $F_{Ay} = ql + F = 4 \times 2 + 10 = 18$ kN($\uparrow$)

由 $\sum M_A(F) = 0$ 得 $M_{eA} - ql \times \dfrac{l}{2} - F \cdot l = 0$

$$M_{eA} = ql \times \frac{l}{2} + F \cdot l = 4 \times 2 \times \frac{2}{2} + 10 \times 2 = 28 \text{ kN} \cdot \text{m}$$

建筑工程中的雨篷、阳台等,见图 2.24,一端牢固地嵌入墙内,另一端无约束,这类结构称为悬臂结构。在力学计算时,都作为悬臂梁来考虑。悬臂结构因其受力情况的特殊性,比较容易发生倒塌事故。雨篷由雨篷板和雨篷梁两部分组成,如图 2.24 所示。雨篷板上的荷载,可能使整个雨篷绕梁底外缘 $A$ 轴转动而倾覆。雨篷板上的荷载对 $A$ 的力矩,称为倾覆力矩,用 $M_{倾}$ 表示。但作用于雨篷梁上的墙体重量以及其他可能压在雨篷梁上的荷载,则抵抗倾覆。雨篷梁上所有荷载的合力 $W$ 对 $A$ 的力矩,称为抗倾覆力矩,用 $M_{抗}$ 表示。为了保持雨篷的稳定,规范要求抗倾覆安全因数不小于 1.5,即要求 $M_{抗} \geqslant 1.5 M_{倾}$。

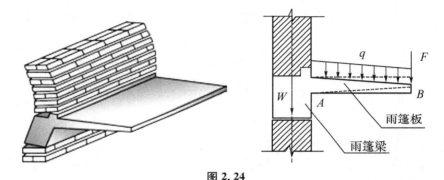

图 2.24

如抗倾覆力矩太小,应增加雨篷梁压在墙体内的长度,以增加压在梁上的墙体重量,或使雨篷梁与周围的构件相连接。工程中发生的雨篷、阳台等结构的倒塌事故中,属抗倾覆安全因数太小造成倒塌的较多见;另外,如受力钢筋放到下部或被踩到下部、漏放钢筋、钢筋长度不足或未按要求连接好、拆模时间过早等,也易使悬臂结构断裂倒塌,这里不再详述。总之,由于悬臂结构受力情况的特殊性,在设计和施工时要特别注意。

**例 2.8** 有一个简支刚架如图 2.25(a)所示,承受水平荷载 $F = 50$ kN,求支座反力。

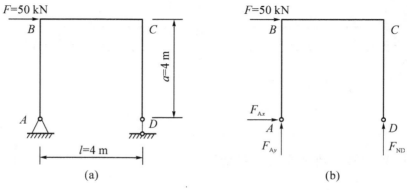

(a)　　　　　　　　　　(b)

图 2.25

**解**:(1) 画受力图如图 2.25(b)所示。

(2) 列平衡方程求解支座反力。

由 $\sum F_x = 0, F_{Ax} + F = 0$

得 $F_{Ax} = -F = -50$ kN($\leftarrow$)

由 $\sum M_A(F) = 0$ 得 $-F \times a + F_{ND} \times l = 0$

即: $F_{ND} = 50$ kN($\uparrow$)

由 $\sum M_D(F) = 0$ 得 $-F \times a - F_{Ay} \times l = 0$

即: $F_{Ay} = -50$ kN($\downarrow$)

平面一般力系平衡问题的解题步骤和方法:

(1) 根据题意选取适当的研究对象。

(2) 对所选取的研究对象进行受力分析,画出受力图。要根据各种约束的性质来画约束力。当约束力的指向不能确定时,可以任意假设其指向。若计算结果为正,则表示假设的指向与实际指向一致;若计算结果为负,则表示假设的指向与实际指向相反。画受力图时,注意不要遗漏作用在研究对象上的主动力。注意:当三个未知量中有两个交点时(如简支梁、外伸梁、刚架中铰支座的约束力),一般选用二力矩形式,且以两个未知量的交点为矩心建立力矩方程求解。

(3) 根据具体情况,选用适当形式的平衡方程,最好是一个方程只包含一个未知量,这样可免于解联立方程,从而简化计算。为此,要选取适当的坐标轴和矩心。当所选的坐标轴与未知力作用线垂直时,该未知力在此轴上的投影为零,可使所建立的投影方程中未知量个数减少。矩心选在两个未知力的交点上,这样通过矩心的这两个未知力的力矩等于零,可使力矩方程中只含有一个未知量。

(4) 在求出所有未知量后,可利用其他形式的平衡方程对计算结果进行校核。

6.2　平面一般力系的平衡方程

$$\begin{cases} \sum F_x = 0 \\ \sum F_y = 0 \\ \sum M_O(F) = 0 \end{cases} \qquad (2.8)$$

前两个称为投影方程,后一个称为力矩方程。我们也可以理解为:物体在力系的作用下,不能沿 $x$ 轴和 $y$ 轴方向产生移动,并且物体不能绕任一点转动。

平面一般力系平衡问题的解题步骤和方法:

(1) 根据题意选取适当的研究对象,画出受力图.

(2) 建立平面直角坐标系,选定矩心。

(3) 列平衡方程,求未知量。

## 课堂实训

楼房主梁 $AB$ 两端支承在墙里(图 2.26(a)),可简化为两端分别用固定铰支座和可动铰支座支承的梁(图 2.26(b)、(c))。主梁自重及楼板传来的均布荷载合计为 $q=20$ kN/m,由次梁传来的集中荷载 $F=200$ kN,试求墙体两端给梁的支座反力。

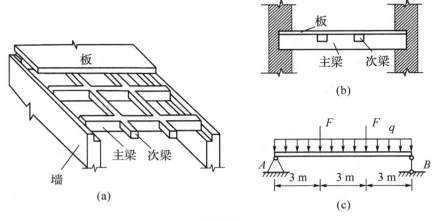

图 2.26

### 6.3　物体系统的平衡

在实际工程中,经常遇到由几个物体通过一定的约束联系在一起的物体系统。例如,土建工程中常用的三铰拱(图 2.27),由左、右两半拱通过铰 $C$ 连接,并支承在 $A$、$B$ 两固定铰支座上组成。

当系统平衡时,组成系统的每一个物体也必须处于平衡状态。所以,可取整个系统中某一部分为研究对象,应用相应的平衡方程求解未知量。

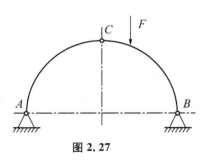

图 2.27

**例 2.9**　组合梁的支承及荷载情况如图 2.28(a)所示。已知 $F_1=10$ kN,$F_2=20$ kN,试求支座 $A$、$B$、$D$ 的约束力及铰 $C$ 处的相互作用力。

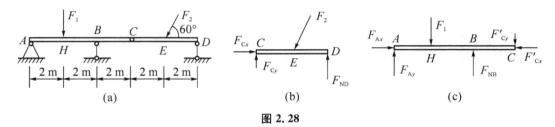

图 2.28

**解**:组合梁由梁 $AC$ 和 $CD$ 两段组成,每段梁上的力系都是平面一般力系,因此可列六个独立的平衡方程。未知量也有六个:$A$、$C$ 处各两个,$B$、$D$ 处各一个。

梁 $CD$、梁 $AC$ 及整体梁的受力图如图 2.27(b)、(c)、(d)所示。各约束力的指向都是假定的,但约束力 $F'_{Cx}$、$F'_{Cy}$ 必须分别与 $F_{Cx}$、$F_{Cy}$ 等值、反向、共线。由三个受力图可看出,在梁 $CD$ 上只有三个未知力,而在梁 $AC$ 上有五个未知力、整体梁上有四个未知力。因此,应先取梁 $CD$ 为研究对象,求出 $F_{Cx}$、$F_{Cy}$、$F_{ND}$,然后再考虑梁 $AC$ 或整体梁平衡,就能解出其余未知力。

(1) 取梁 $CD$ 为研究对象,受力图如图 2.27(b)所示

$$\sum M_C(F) = 0, -F_2\sin 60° \times 2 + F_{ND} \times 4 = 0$$

$$F_{ND} = \frac{F_2\sin 60° \times 2}{4} = 8.66 \text{ kN}(\uparrow)$$

$$\sum F_x = 0, F_{Cx} - F_2\cos 60° = 0$$

$$F_{Cx} = F_2\cos 60° = 20 \times 0.5 = 10 \text{ kN}$$

$$\sum F_y = 0, F_{Cy} + F_{ND} - F_2\sin 60° = 0$$

$$F_{Cy} = F_2\sin 60° - F_{ND} = 20 \times 0.866 - 8.66 = 8.66 \text{ kN}$$

(2) 取梁 $AC$ 为研究对象,受力图如图 2.27(c)所示

$$\sum M_A(F) = 0, -F_1 \times 2 - F_{Cy} \times 6 + F_{NB} \times 4 = 0$$

$$F_{NB} = \frac{F_1 \times 2 + F_{Cy} \times 6}{4} = \frac{10 \times 2 + 8.66 \times 6}{4} = 17.99 \text{ kN}(\uparrow)$$

$$\sum F_x = 0, F_{Ax} - F_{Cx} = 0$$

$$F_{Ax} = F_{Cx} = 10 \text{ kN}(\rightarrow)$$

$$\sum F_y = 0, F_{Ay} + F_{NB} - F_1 - F_{Cy} = 0$$

$$F_{Ay} = -F_{NB} + F_1 + F_{Cy} = -17.99 + 10 + 8.66 = 0.67 \text{ kN}(\uparrow)$$

求解物体系统平衡问题的要点如下:

①"拆":将物体系统从相互联系的地方拆开,在拆开的地方用相应的约束力代替约束对物体的作用。这样,就把物体系统分解为若干个单个物体,单个物体受力简单,便于分析。

②"比":比较系统的独立平衡方程个数和未知量个数,若彼此相等,则可根据平衡方程求解出全部未知量。一般来说,由 $n$ 个物体组成的系统,可以建立 $3n$ 个独立的平衡方程。

③"取":根据已知条件和所求的未知量,选取研究对象。通常可先由整体系统的平衡,求出某些待求的未知量,然后再根据需要适当选取系统中的某些部分为研究对象,求出其余的未知量。

④在各单个物体的受力图上,物体间相互作用的力一定要符合作用与反作用关系。物体拆开处的作用与反作用关系,是顺次继续求解未知力的"桥"。在一个物体上,可能某

拆开处的相互作用力是未知的,但求解之后,对与它在该处联系的另一物体就成为已知的了。可见,作用与反作用关系在这里起"桥"的作用。

⑤注意选择平衡方程的适当形式和选取适当的坐标轴及矩心,尽可能做到在一个平衡方程中只含有一个未知量,并尽可能使计算简化。

## 知识衔接

2008 年 3 月 15 日,纽约曼哈顿一建筑工地的吊车坠落事故(图 2.29)最终造成 7 人死亡,24 人受伤。事故发生在当地时间下午 2 点 30 分左右,悬在大厦一侧的吊车突然自 15 层高处落下,造成旁边一座 4 层建筑物坍塌,其他 3 座建筑物受损。经初步调查发现,事故原因是工人在安装一个用以固定起重机的钢圈时发生坠落,并砸掉处在低位的一个起到支撑起重机作用的钢圈,使起重机失去平衡坠向旁边的建筑物。钢圈失去约束作用,没有了支座反力,起重机失去平衡,倒塌。

图 2.29

## 项目小结

(1) 平面汇交力系的平衡

平面汇交力系平衡的条件是合力 $F_R$ 为零。

平面汇交力系中各分力在两个坐标轴上的投影的代数和都等于零。

$$\begin{cases} \sum F_x = 0 \\ \sum F_y = 0 \end{cases}$$

(2) 力矩·平面力偶系的平衡

①力矩是力使物体绕矩心转动效应的度量。力矩的大小等于力的大小与力臂的乘积。在平面问题中,力矩是代数量,一般规定力使物体绕矩心逆时针方向转动为正;反之为负。力矩的大小和转向不仅与力有关,而且还与矩心的位置有关。

②力偶是由等值、反向、不在同一作用线上平行的两个力组成的力系。力和力偶都是组成力系的基本元素。力偶没有合力,所以不能用一个力来代替,因而也不能用一个力来平衡,力偶只能用力偶来平衡。

力偶对物体的转动效应完全决定于力偶矩 $M_e$，$M_e = \pm Fd$。只要力偶矩保持不变，力偶可在其所作用的平面内移动和转动，也可以相应地改变组成力偶的力的大小和力偶臂的长短，都不会改变力偶对物体的转动效果。

力偶在任一轴上的投影都等于零。力偶的两个力对平面内任一点的矩等于力偶矩，且与矩心的位置无关。

③平面力偶系的平衡条件是各力偶矩的代数和为零，即：$\sum M_{ei} = 0$

（3）平面一般力系的平衡

①基本形式

$$\begin{cases} \sum F_x = 0 \\ \sum F_y = 0 \\ \sum M_O(F) = 0 \end{cases}$$

②二力矩形式

$$\begin{cases} \sum F_x = 0 \\ \sum M_A(F) = 0 \\ \sum M_B(F) = 0 \end{cases}$$

其中 $A$、$B$ 两点的连线不与 $x$ 轴垂直。

平面一般力系只有三个独立的平衡方程，可求解三个未知量。

对于单个物体或物体系统的平衡问题，可应用平面力系的平衡方程求解出约束力和物体间的相互作用力。要恰当地选取研究对象，正确画出各物体的受力图。在解题时要注意选择平衡方程的形式、坐标轴和矩心，并尽可能做到一个平衡方程只有一个未知量，以简化计算。

**思考与练习**

1. 已知 $F_1 = F_2 = 200$ N，$F_3 = F_4 = 100$ N，各力的方向如图 2.30 所示。试求各力在 $x$ 轴和 $y$ 轴上的投影。

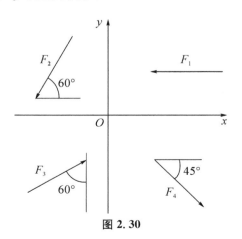

图 2.30　　　　　　　　　　　　图 2.31

2. 如图 2.31 所示支架由 $AB$、$AC$ 构成，$A$、$B$、$C$ 三处均为铰接，在点 $A$ 悬挂重为 $W=$ 10 kN 的重物，试求杆 $AB$、$AC$ 所受的力，并说明它们是拉力还是压力。

3. 计算下列各图中力 $F$ 对点 $O$ 之矩（图 2.32）。

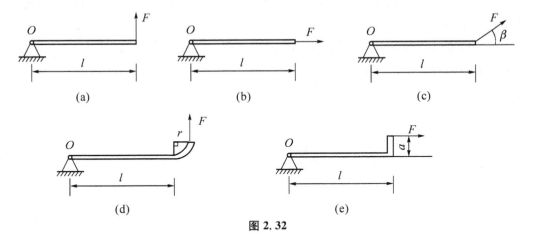

图 2.32

4. 求图 2.33 所示各梁的支座反力。

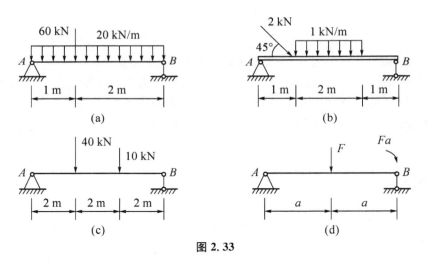

图 2.33

5. 求图 2.34 所示组合梁的支座反力。

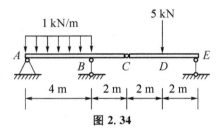

图 2.34

# 项目三　杆件的轴向拉伸和压缩

## 任务 1　杆件四种基本变形及组合变形概述

### 1.1　杆件四种基本变形

（1）轴向拉伸或压缩

当杆件受到大小相等、方向相反、作用线与杆件轴线重合的一对外力作用时，则杆件沿轴线方向产生伸长或缩短变形，这种变形称为轴向拉伸或压缩，图 3.1(a)所示为杆件轴向拉伸变形。千斤顶的螺杆(图 3.1(b))、桁架中的杆件(图 3.1(c))都是二力杆，将产生轴向拉伸或压缩变形。

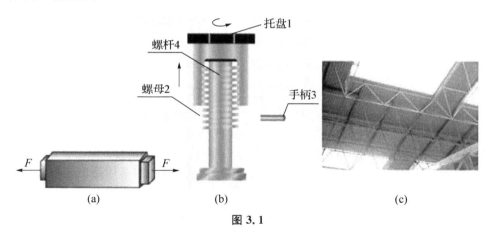

图 3.1

（2）剪切

当杆件受到大小相同、方向相反、作用线垂直于杆件轴线且相距很近的一对横向外力作用时，则杆件的横截面沿外力方向发生相对错动变形，这种变形称为剪切(图 3.2(a))。如被钢丝钳剪断的钢丝(图 3.2(b))产生剪切破坏。

（3）扭转

当杆件受到大小相等、转向相反、在垂直于杆件轴线的两个平面内的一对力偶作用时，则杆件横截面将产生绕轴线的相对转动变形，这种变形称为扭转(图 3.3(a))。如汽车的传动轴(图 3.3(b))、雨篷梁(图 3.3(c)、(d))就是产生扭转变形的构件。

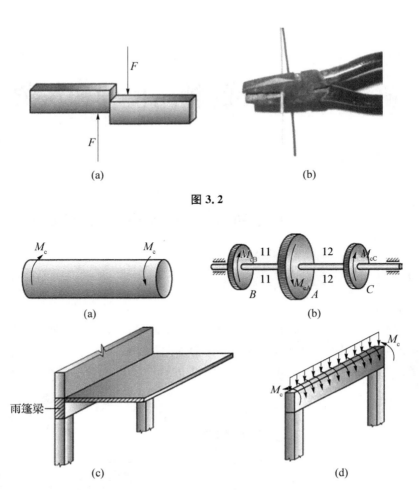

图 3.2

图 3.3

（4）弯曲

当杆件受到垂直于杆轴线的横向荷载作用时，则杆件轴线由直线变为曲线，这种变形称为弯曲（图 3.4（a））。如房屋建筑中阳台的挑梁（图 3.4（b））将产生弯曲变形。

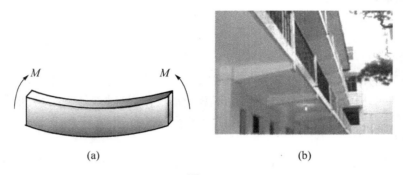

图 3.4

### 1.2　组合变形

土木工程中,许多构件在荷载作用下同时产生两种或两种以上的基本变形,这就是组合变形。如图 3.5(a)所示,矩形截面悬臂梁在荷载作用下同时产生向下弯曲和由里向外弯曲,这种弯曲称为斜弯曲。又如图 3.5(b)所示,工业厂房中的牛腿边柱承受屋架和吊车梁传来的荷载作用,同时产生轴向压缩和弯曲变形,这种变形称为偏心压缩。

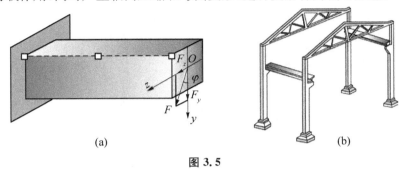

(a)　　　　　　　　　　　　　　　　(b)

**图 3.5**

# 任务 2　直杆轴向拉、压横截面上的内力

**观察与思考**

如图 3.6 所示为一拔河时的麻绳,拔河时,麻绳被拉直,人在拉绳子的同时,感到绳子也在拉人的手,绳子拉人的手的这个力是个什么样的力? 有何特点? 我们可以假想,在拔河时,用一把快刀,将绳子从中间砍断,会产生什么结果,为什么?

**图 3.6**

### 2.1　内力的概念

拔河的时候,麻绳被拉长了,同时也感到麻绳在拉手。麻绳拉手的力,是在反抗手把

麻绳拉长,这个反抗拉长的力就是内力。土木工程中的受拉杆件与麻绳的情形相似。这种由外力(或外部因素)作用而引起杆件内部某一部分与另一部分间的相互作用力称为内力。

内力存在于杆件的任意相连两部分之间,是一对作用力和反作用力。

在建筑物和机械等工程结构中,经常使用受拉伸或压缩的构件。如图 3.7(a)所示拔桩机在工作时,油缸顶起吊臂将桩从地下拔起,油缸杆受压缩变形,桩在拔起时受拉伸变形,钢丝绳受拉伸变形。如图 3.7(b)所示桥墩承受桥面传来的载荷,以压缩变形为主。

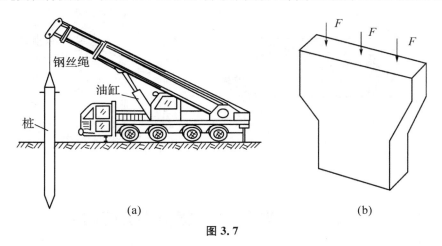

图 3.7

如图 3.8(a)所示钢木组合桁架中的竖杆、斜杆和上下弦杆,以拉伸和压缩变形为主。如图 3.8(b)所示厂房用的混凝土立柱就是以压缩变形为主。

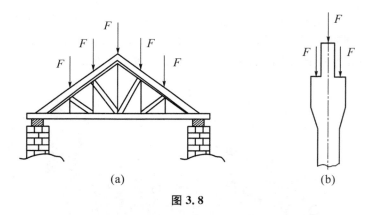

图 3.8

2.2　截面法求轴力

(1) 截面法:为计算杆件某一截面 $m-m$ 上的内力,如图 3.9 所示,用一个"假想截面"在该截面处将杆件切断成为两部分;取任一部分为研究对象,要使这部分与原来一样处于平衡状态,就必须在被切断的截面上用内力代替另一部分对它的作用;然后根据平衡条件计算出该截面上的内力。这种计算内力的方法称为"截面法",截面法是计算杆件内力的基本方法。

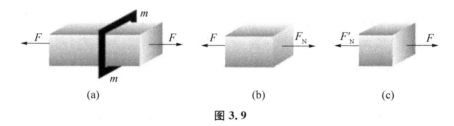

图 3.9

（2）轴力：由截面法知图 3.9 中，$m-m$ 上的内力必沿着杆件的轴线方向，这种内力称为轴力，用 $F_N$ 表示，国际单位制中，单位为牛顿(N)或千牛顿(kN)。

（3）轴力的正负号规定：当杆件受拉而伸长时，轴力背离截面为拉力，取正号；反之为压力，取负号。

### 2.3　轴力图的绘制

（1）定义：当杆件受到两个以上的轴向外力作用时，杆件不同的区段轴力不等，这种表示杆件各横截面上的轴力沿其轴线变化情况的图形，称为轴力图。

（2）绘制轴力图的方法：建立 $F_N-x$ 坐标系，用平行于杆件轴线的横坐标 $x$ 表示横截面的位置，垂直于杆件轴线的纵坐标 $F_N$ 表示横截面上轴力的大小。按选定的比例尺，把正轴力画在 $x$ 轴的上方，负轴力画在 $x$ 轴的下方。

**例 3.1**　图 3.10(a)表示为阶梯状直杆的轴向受力情况，试计算各段轴力并绘制其轴力图。

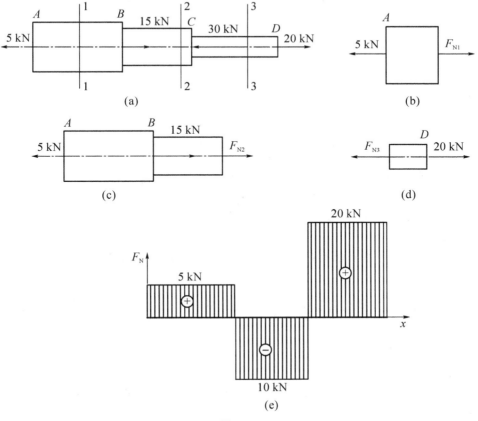

图 3.10

**解**:(1) 计算杆件各段的轴力。

$AB$ 段:在 $AB$ 段内任意处用假想截面 1—1 将其切成两段,取左段(图 3.10(b))为研究对象,得

$$F_{N1} = \sum F_{背离} - \sum F_{指向} = 5 - 0 = 5 \text{ kN}(拉力)$$

$BC$ 段:在 $BC$ 段内任意处用假想截面 2—2 将其切成两段,取左段(图 3.10(c))为研究对象,得

$$F_{N2} = \sum F_{背离} - \sum F_{指向} = 5 - 15 = -10 \text{ kN}(压力)$$

$CD$ 段:在 $CD$ 段内任意处用假想截面 3—3 将其切成两段,取右段(图 3.10(d))为研究对象,得

$$F_{N3} = \sum F_{背离} - \sum F_{指向} = 20 - 0 = 20 \text{ kN}(拉力)$$

(2) 绘制轴力图:按规定绘制(图 3.10(e))。

特别注意:

(1) 根据外力的作用点位置划分区段,计算各段轴力。

(2) 计算轴力时,均假设为正轴力(即背离截面方向),称之为"设正法"。

# 任务 3　直杆轴向拉、压横截面上的正应力

## 3.1　应力的概念

**观察与思考** ◀·▷

取两根粗细不同但材质相同的绳子,用同样大小的力去拉它,它们所受的轴力是否相等? 当拉力逐渐增大时,哪一根绳子先被拉断? 为什么?

从实验可以看到:同样的材料,受同样大小的轴向外力作用时,细的绳子比粗的容易拉断。因为轴力虽然相同,但它们在单位面积上分布的内力并不相等,即细绳单位面积上的内力较大,所以易被拉断。我们把单位面积上分布的内力称为应力。应力反映了内力的分布集度。

在国际单位制中,应力的单位是帕(Pa)或兆帕(MPa),有 1 Pa $=$ 1 N/m$^2$,1 MPa $=$ 1 N/mm$^2$ $= 10^6$ Pa。

## 3.2　轴向拉、压杆横截面上的正应力分布规律

**生活体验** ◀·▷

取一根等截面的圆形橡胶棒,在其表面画上两条圆周线表示,其所在的横截面

（图 3.11(a)），然后在两端施加两个大小相等、方向相反的轴向拉力使其产生伸长变形（图 3.11(b)），试观察其圆周线发生了什么变化？ 该变化说明了什么问题？

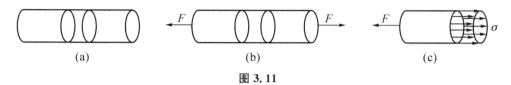

**图 3. 11**

两条圆周线之间的距离增大了，但圆周线仍然垂直于轴线方向，即沿轴线方向平行移动了一段距离。

杆件的横截面在变形前是平面，变形后仍保持为平面且与杆件的轴线垂直，此假设称为平面假设。

根据平面假设，两横截面在变形后只是相对平移了一段距离，这表明同一横截面上各点的变形是相同的，而各点的变形是由分布在该点的内力（应力）引起的，说明各横截面上各点的内力分布是相同的，即应力在横截面上是均匀分布的（图 3.11(c)）。 若应力用 $\sigma$ 表示，横截面面积为 $A$，轴力为 $F_N$，即

$$\sigma = \frac{F_N}{A} \tag{3.1}$$

式(3.1)便是轴向拉、压杆横截面上的正应力计算公式。

注意：计算时将轴力的正负一同代入，若得到的应力为正表示是拉应力，若得到应力为负表示是压应力。

**例 3. 2**　铰接三角形支架在点 $B$ 承受一重物 $W = 20$ kN(图 3.12(a))，杆 $AB$ 为直径为 $d = 25$ mm 的钢制圆杆，杆 $CB$ 为边长 $a = 80$ mm 的正方形截面木杆。 试计算杆 $AB$ 和杆 $CB$ 横截面上的正应力。

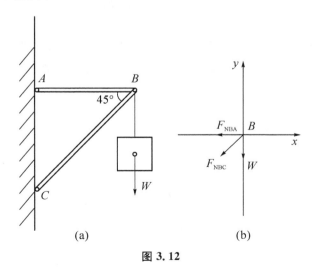

**图 3. 12**

**解**：(1) 计算各杆的轴力：如图 3.12(b)所示，取结点 $B$ 为研究对象，杆件轴力均假设

为受拉(背离结点)。根据平衡条件得 $\sum F_y = 0$, $-F_{NBC}\sin 45° - W = 0$

$F_{NBC} = -28.3$ kN(压力)

$\sum F_x = 0$, $-F_{NBC}\cos 45° - F_{NBA} = 0$

$F_{NBA} = 20$ kN(拉力)

(2) 计算各杆的正应力。

$$\sigma_{BA} = \frac{F_{NBA}}{A_{BA}} = \frac{20 \times 10^3}{\frac{\pi \times 25^2}{4}} = 40.8 \text{ MPa(拉应力)}$$

$$\sigma_{BC} = \frac{F_{NBC}}{A_{BC}} = -\frac{28.3 \times 10^3}{80 \times 80} = -4.4 \text{ MPa(压应力)}$$

注意:

在计算应力时,各量的单位:轴力 $F_N$ 为牛(N)、面积 $A$ 为毫米$^2$(mm$^2$)、应力 $\sigma$ 为兆帕(MPa);

或者:轴力 $F_N$ 为牛(N)、面积 $A$ 为米$^2$(m$^2$)、应力 $\sigma$ 为帕(Pa)。

# 任务 4　直杆轴向拉、压的强度计算

## 4.1　许用应力的概念

在荷载作用下产生的实际应力称为工作应力, $\sigma = \dfrac{F_N}{A}$。

材料所能承受的应力限度称为材料的极限应力或危险应力($\sigma_u$),材料的极限应力一般由实验确定。

将极限应力 $\sigma_u$ 除以一个大于 1 的安全因数 $n$ 作为构件正常工作时所允许产生的最大应力,称为许用应力,用[$\sigma$]表示。安全因数 $n$ 由有关设计规范来确定。

$$[\sigma] = \frac{\sigma_u}{n} \tag{3.2}$$

## 4.2　轴向拉、压杆的强度条件

$$\sigma = \frac{F_N}{A} \leqslant [\sigma]$$

利用强度条件可以解决土木工程中的三类问题:

(1) 强度校核:在已知荷载、材料的许用应力的情况下,验算杆件的强度是否满足要求。若 $\sigma \leqslant [\sigma]$,则杆件满足强度要求,否则说明杆件的强度不满足。

(2) 截面设计:在已知荷载、材料的许用应力的情况下,由 $\sigma = \dfrac{F_N}{A} \leqslant [\sigma]$ 计算出截面面积后,再根据实际情况确定截面形状和尺寸。

（3）确定许用荷载:在已知杆件的截面尺寸和材料许用应力的情况下,由 $\sigma = \dfrac{F_N}{A} \leqslant [\sigma]$ 计算许用荷载 $[F]$、$[q]$。

**例 3.3** 如图 3.13(a)所示,一起重机用钢索匀速向上吊装 $W = 100$ kN 的重物,钢索的直径 $d = 30$ mm,钢绳的许用应力 $[\sigma] = 170$ MPa。试求:

（1）校核钢索的强度;

（2）钢索的直径为多少时既安全又经济?

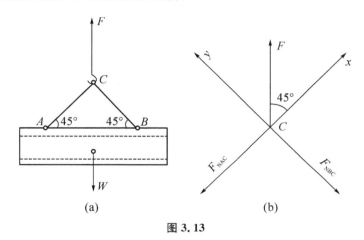

图 3.13

**解:**（1）求钢索 $AC$、$BC$ 的轴力。取结点 $C$ 为研究对象,钢索 $AC$、$BC$ 的轴力分别用 $F_{NAC}$、$F_{NBC}$ 表示,画出受力图并建立坐标如图 3.13(b)所示。由二力平衡可知,$F = W = 100$ kN。由平面汇交力系的平衡条件得:

$$\sum F_x = 0, \quad -F_{NAC} + F\cos 45° = 0$$

$$F_{NAC} = F\cos 45° = 100 \times \frac{\sqrt{2}}{2} = 70.7 \text{ kN}$$

$$\sum F_y = 0, \quad -F_{NBC} + F\sin 45° = 0$$

$$F_{NBC} = F\sin 45° = 100 \times \frac{\sqrt{2}}{2} = 70.7 \text{ kN}$$

（2）校核钢索的强度

$$\sigma_{AC} = \sigma_{BC} = \frac{70.7 \times 10^3}{\dfrac{\pi \times 30^2}{4}} = 100 \text{ MPa} < [\sigma] = 170 \text{ MPa}$$

经校核,钢索强度满足要求。

（3）求钢索的直径:由强度条件:

由 $$\sigma = \frac{F_N}{A} = \frac{F_N}{\dfrac{\pi d^2}{4}} \leqslant [\sigma] \text{ 得}$$

$$d \geqslant \sqrt{\frac{4F_N}{\pi[\sigma]}} = \sqrt{\frac{4 \times 70.7 \times 10^3}{3.14 \times 170}} = 23.01 \text{ mm}$$

注意:当两未知力相互垂直时,按图 3.13(b)所示建立坐标,可方便求解。

**例 3.4**　　如图 3.14(a)所示的铰接支架中,杆 $AC$ 为圆形钢杆,直径 $d=10$ mm,许用应力 $[\sigma]=160$ MPa,横梁 $BC$ 受到均布荷载 $q$ 作用。试根据正应力强度条件确定许用荷载 $[q]$ 的值。

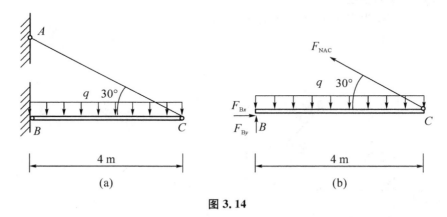

**图 3.14**

**解**:(1) 计算杆 $AC$ 的轴力 $F_{NAC}$。取横梁 $BC$ 为研究对象,其受力图如图 3.14(b)所示,由平面一般力系平衡方程得:

$$\sum M_B = 0, F_{NAC} \times 4 \text{ m} \times \sin 30° - q \times 4 \text{ m} \times 2 \text{ m} = 0$$

$$F_{NAC} = q \times 4\text{m}$$

(2) 计算许用荷载 $[q]$,由强度条件

$$\sigma_{AC} = \frac{F_{NAC}}{A} = \frac{q \times 4 \text{ m}}{\frac{\pi}{4}d^2} = \frac{q \times 16 \text{ m}}{\pi d^2} \leqslant [\sigma]$$

得

$$q \leqslant \frac{\pi d^2 [\sigma]}{16 \text{ m}} = \frac{3.14 \times (10 \text{ mm})^2 \times 160 \text{ N/mm}^2}{16 \times 10^3 \text{ mm}}$$

$$= 3.14 \text{ N/mm} = 3.14 \text{ kN/m}$$

取 $[q]=3.14$ kN/m。

# 任务 5    直杆轴向拉、压的变形

**观察与思考**◀∙∙⌐

取一根弹簧和一块橡皮泥,分别用手拉一下后放开,试观察它们的变形有何不同?

## 5.1  弹性变形与塑性变形

杆件在外力作用下发生变形,随着外力取消即随之消失的变形称为弹性变形。上述实验中,当手拉弹簧的拉力不大时放松,弹簧可以完全恢复原状,表现为弹性性质。当外力取消时不消失或不完全消失而残留下来的变形称为塑性变形。在手拉橡皮泥后放松时,发现橡皮泥拉长了,这部分拉长而不能恢复的变形就是塑性变形。土木工程中,要求构件所受的荷载通常限定在弹性变形范围内。

## 5.2  胡克定律

如图 3.15 所示,杆件在轴向拉力作用下产生伸长变形,设杆件原长为 $l$,变形后长度为 $l_1$,则纵向变形 $\Delta l$ 为:

$$\Delta l = l_1 - l \text{——纵向绝对变形}$$

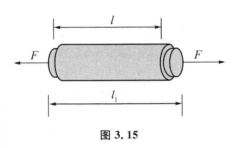

**图 3.15**

拉伸时 $\Delta l$ 规定为正,反之为负,其单位为毫米(mm)。为了消除杆长对变形的影响,常用单位长度的变形来描述杆件变形的程度,单位长度的变形称为线应变,用 $\varepsilon$ 表示,则线应变为:

$$\varepsilon = \frac{\Delta l}{l} \tag{3.3}$$

规定拉伸时 $\varepsilon$ 为正,反之为负,线应变量纲为 1。

实验表明:在弹性受力范围内,杆件的纵向变形与杆件所受的轴力及杆件长度成正比,与杆件的横截面面积成反比,这就是胡克定律。其表达式为:

$$\Delta l = \frac{F_N l}{EA} \tag{3.4}$$

胡克定律的另一种表达形式为:

$$\sigma = E\varepsilon \tag{3.5}$$

它表明:在弹性受力范围内,应力与应变成正比。

式中:$E$ 称为材料的弹性模量,与材料的性质有关,由实验测定,它反映了某种材料抵

抗变形的能力,在国际单位制中常用单位为兆帕(MPa)。

# 任务6　直杆轴向拉、压在工程中的应用

　　道路与桥梁工程中,常见的轴向受拉或受压构件分析。

　　应用分析:自从 1956 年瑞士建成第一座现代化的斯特勒姆桑德斜拉桥以来,世界各国相继修建了 300 多座斜拉桥,我国就占了 100 多座。在图 3.16(a)、(b)所示的某斜拉桥中,钢质拉索就属于轴向受拉构件。在施工与使用过程中,要采取有效的措施(如对钢索外加防护套、内注水泥浆)防止钢索发生锈蚀。道路与桥梁工程中许多桥墩属于轴向受压构件,其截面通常采用圆形(图 3.16(c))或方形。由于桥墩是轴向受压构件,故其纵向受力钢筋沿周边均匀分布(图 3.16(d))。

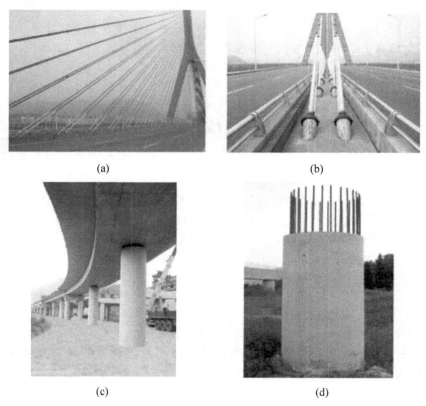

(a)　　　　　　　　　　　　(b)

(c)　　　　　　　　　　　　(d)

**图 3.16**

　　道路与桥梁工程中许多桥墩是轴向受压构件,由于桥墩是轴向受压构件,故其纵向受力钢筋沿周边均匀分布。

　　钢结构屋架中,常见的轴向受拉或受压构件分析。

　　应用分析:由于大跨度钢屋架结构具有质轻、强度高、无污染等优点,又称"绿色建筑",在土木工程中得到了广泛应用。大跨度双向钢桁架空间结构——某大型体育馆

（图 3.17（a）），跨度达到 114 m。目前，钢屋架中，主要有网架结构和三角形屋架（桁架结构，图 3.17（b））。钢网架结构由一些钢结构杆件（钢管）通过球形结点连接，杆件可以绕球形结点做微小的转动，屋架稳定性较好。在计算杆件内力时，球形结点可以简化为圆柱铰链连接，因此，每根连接的杆件都可以看成二力杆，通常处于上面的杆（上弦杆和腹杆）受压，下边的杆（下弦杆）受拉。三角形屋架一般由用一些型钢通过焊接或螺栓连接，杆件也可绕结点作微小的转动，计算时，结点也可以简化为铰链连接，各根通过结点连接的杆件，也可看成二力杆，通常上弦杆和腹杆受压，下弦杆受拉。为保证屋顶的稳定性和安全性，在施工过程中，必须保证结点的施工质量和屋架的垂直度、水平度等。

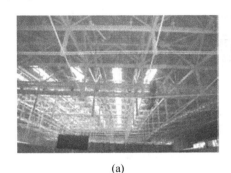
(a)

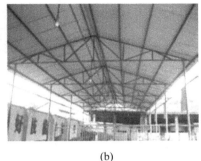
(b)

图 3.17

　　某房屋工程为预应力混凝土管桩基础，采用干打锤击沉桩方法（图 3.18）进行沉桩时桩身应垂直，垂直度偏差不得超过 0.5%，并用两台成 90°方向的经纬仪校准。应用分析：管桩是按轴向受压构件为主设计的，它承受房屋传来的竖直向下的荷载作用。

　　管桩在锤击沉桩过程中，受到冲击动荷载的作用。冲击动荷载的大小与锤重、落锤高度、锤击速度有关，冲击动荷载能有效地把管桩沉入地基中。在沉桩施工过程中，桩身、桩帽、送桩和桩锤应在同一中心线上，并采用两台成 90°方向的经纬仪校准，确保桩身垂直，防止打偏，使管桩的竖向承载力达到设计要求。由于管桩抗压强度高、耐冲击性能好、施工快捷、质量可靠，在南方软土地基工程中广泛使用，部分北方地区也正在推广应用。

图 3.18

## 项目小结

1. 四种基本变形
变形就是物体形状和尺寸的改变。

表 3.1    四种基本变形

| 构件类型 | 受力特点 | 变形特点 | 常见典型构件 |
|---|---|---|---|
| 轴向拉伸或压缩 | 受沿着杆件轴线方向,大小相等、方向相反的一对横向外力作用 | 沿着轴线方向伸长或缩短 | 斜拉桥的拉索、钢架(桁架)结构、桥墩的柱子等 |
| 剪切变形 | 受大小相等、方向相反、作用线垂直于杆件轴线且相距很近的一对外力作用 | 横截面沿外力方向发生相对错动 | 大梁支座附近出现的破坏等 |
| 扭转变形 | 受大小相等、方向相反、位于垂直于杆件轴线的两个平面内的一对力偶作用 | 任意横截面产生绕轴线的相对转动 | 汽车的传动轴、雨篷梁等 |
| 弯曲变形 | 受到垂直于杆轴线的横向力作用 | 轴线由直线变为曲线 | 大梁、过梁、挑梁等 |

2. 轴向拉、压时杆件的内力

轴向拉、压横截面上的内力是轴力 $F_N$。它沿杆件的轴线方向与横截面垂直。计算轴力的基本方法是截面法。

轴力符号规定为:拉力(背离截面)为正,压力(指向截面)为负。轴力图是表示轴力沿杆件轴线方向变化规律的图形。正的轴力画在坐标轴上方,负的轴力画在坐标轴下方。

3. 轴向拉、压时杆件的应力

单位面积上分布的内力称为应力,它反映了内力的分布集度。轴向拉、压杆横截面上的应力是正应力,且在横截面上均匀分布。

$$\sigma = \frac{F_N}{A}$$

4. 轴向拉、压时杆件的强度条件

保证杆件具有足够抵抗破坏能力的条件称为强度条件。轴向拉、压杆件的强度条件是保证杆件的工作应力不超过其许用应力,即

$$\sigma = \frac{F_N}{A} \leqslant [\sigma]$$

应用强度条件可解决三类问题的计算:强度校核、截面设计、确定许可荷载。

5. 轴向拉、压时杆件的变形

直杆在轴向外力作用下产生纵向变形,用 $\Delta l$ 表示杆件纵向总的变形,用线应变 $\varepsilon$ 表示轴线方向单位长度的变形,即杆件的变形程度。

胡克定律揭示了轴向拉、压的杆件在弹性受力范围内的变形与内力、杆长、截面面积、材料性质的关系,同时也反映了应力与应变之间的关系,即弹性模量 $E$ 反映了材料抵抗变形的能力;抗拉、压刚度 $EA$ 反映了用某种材料制作的一定截面尺寸的杆件抵抗拉、压变形的能力。$EA$ 愈大,杆件抵抗拉、压变形的能力愈强,变形愈小。

计算轴向拉压杆变形的胡克定律：

$$\Delta l = \frac{F_{\mathrm{N}}l}{EA} \quad \sigma = E\varepsilon$$

**思考与练习** ◄••⟩

1. 计算图 3.19 所示杆指定截面的轴力。

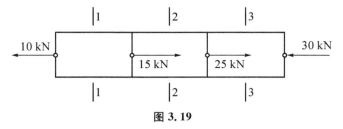

图 3.19

2. 作出图 3.20 所示杆的轴力图。

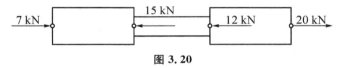

图 3.20

3. 作出图 3.21 所示杆的轴力图。

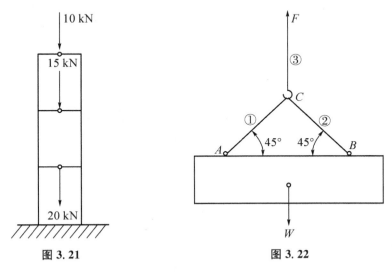

图 3.21　　　　　　　　　　　　　图 3.22

4. 图 3.22 所示为一起重机匀速吊装一重为 $W=80$ kN 的重物。钢索①、②的直径 $d_1=d_2=32$ mm，钢索③直径为 $d_3=40$ mm，许用应力$[\sigma]=170$ MPa。试校核钢索的强度。

# 项目四　直梁弯曲

　观察与思考

　　梁是水平方向的长条形承重构件,是土木工程中应用极为广泛的一种构件。如图 4.1(a)所示的建筑中的框架梁承受楼板的荷载,如图 4.1(b)所示的桥梁承受车辆的荷载,它们都属于梁。梁在荷载作用下会产生怎样的变形和内力? 怎样才能保证梁安全可靠地工作? 让我们带着这些问题进行本项目的学习。

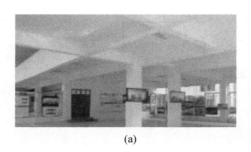　

(a)　　　　　　　　　　　　　　　　　(b)

**图 4.1**

## 任务 1　弯曲变形和梁的形式

### 1.1　弯曲变形

观察与思考 ◀▬▶

　　如图 4.2(a)所示的跳板承受跳水运动员的荷载,如图 4.2(b)所示的火车轮轴承受车厢的荷载,如图 4.2(c)所示的挑梁承受阳台的荷载,这些构件在荷载作用下产生怎样的变形? 它们所受荷载的作用方向有什么特点?

### 1.2　梁的形式

以弯曲变形为主的构件称为受弯构件,梁是土木工程中最常见的受弯构件之一。轴

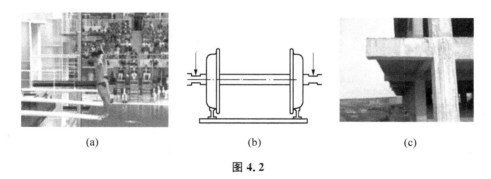

（a）　　　　　　　　　　　（b）　　　　　　　　　　　（c）

**图 4.2**

线是直线的梁称为直梁。土木工程中的梁结构很复杂,完全根据实际结构进行计算很困难,有时甚至不可能。工程中常将实际结构进行简化,抓住基本特点,略去次要细节,用一个简化的图形来代替实际结构,这种图形称为力学计算简图。力学计算简图既能反映实际结构的主要性能,又便于计算,是一种很实用的力学模型。根据支座的约束情况,工程中常见的简单梁有以下三种形式。

前面的图 4.2 中的构件受垂直于其轴线方向的荷载作用,构件轴线由直线变成曲线,这种变形叫做弯曲变形。框架梁和桥梁等在荷载作用下也都会产生弯曲变形。

（1）简支梁

一端是固定铰支座,另一端是可动铰支座的梁称为简支梁。

桥梁支承在桥墩上,其两端均不能产生垂直向下的移动,但在桥梁弯曲变形时两端能够产生转动;整个桥梁不能在水平方向移动,但在温度变化时梁能够产生热胀冷缩。所以桥梁一端设置为固定铰支座,另一端设置为可动铰支座。桥梁用其轴线代替,从而得到如图 4.3(a)所示的力学计算简图。

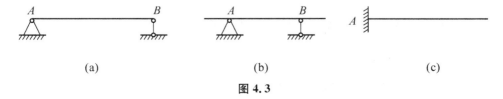

（a）　　　　　　　　　　　（b）　　　　　　　　　　　（c）

**图 4.3**

（2）外伸梁

梁身的一端或两端伸出支座的简支梁称为外伸梁。现实生活中火车轮轴的计算简图如图 4.3(b)所示,属于外伸梁。

（3）悬臂梁

一端是固定端,另一端是自由端的梁称为悬臂梁。阳台挑梁的计算简图如图 4.3(c)所示,属于悬臂梁。

# 任务2　梁的内力——剪力和弯矩

在项目三中学习过的轴向拉、压杆的内力,回忆一下,计算内力的基本方法是什么? 其计算思路是怎样的(步骤)?

如图 4.4(a)所示的简支梁,其 1—1 横截面处的内力是什么? 如何计算?

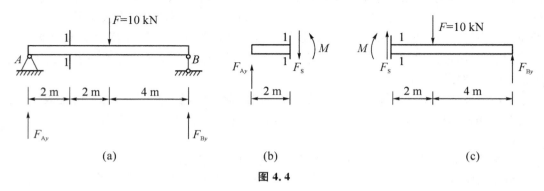

图 4.4

## 2.1　剪力与弯矩的概念

揭示梁内力的方法仍然是截面法。如图 4.4(b)所示,假想截取梁的左段为研究对象,由于整根梁处于平衡状态,所以梁的左段也处于平衡状态,必然在 1—1 截面处有两种内力,即与横截面相切的内力 $F_S$,称为剪力;与横截面垂直的内力偶 $M$,称为弯矩。

## 2.2　剪力与弯矩的正负号

用截面法将梁假想截成两段后,在截开的截面上,梁的左段和右段的内力是作用力与反作用力关系(图 4.4(b)、(c)),它们总是大小相等、方向相反。但是对任一截面而言,不论研究左段或是右段,截面上的内力的正负号应当相同。

(1) 剪力的正负号

截面上的剪力 $F_S$ 使所研究的分离体有顺时针方向转动趋势时规定为正号,是正剪力(图 4.5(a));反之规定为负号,是负剪力(图 4.5(b))。

(2) 弯矩的正负号

截面上的弯矩使所考虑的分离体产生向下凸

图 4.5

变形(下部受拉、上部受压)时规定为正号,是正弯矩(图 4.6(a));产生向上凸变形(上部受拉,下部受压)时规定为负号,是负弯矩(图 4.6(b))。

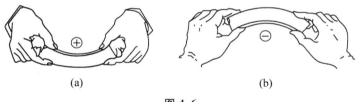

（a）　　　　　　　　　　　　　　　（b）

**图 4.6**

### 2.3　用截面法计算梁指定截面的内力

用截面法计算梁指定截面内力的步骤如下:

(1) 计算支座反力。

(2) 画出截取梁段(左段或右段)的受力图。除画出作用在截取梁段上的一切外力(含支座反力)外,在截开的截面上还应画出相应的正剪力与正弯矩。

(3) 建立平衡方程并求解内力。利用投影方程 $\sum F_y = 0$ 求解剪力 $F_S$,利用力矩方程 $\sum M_C = 0$ 求解弯矩 $M$,式中 $C$ 为截开截面的形心。

**例 4.1**　试计算图 4.7(a)所示简支梁 1—1 截面处的剪力和弯矩。

**解**:(1) 计算支座反力。根据对称性可知:

$$F_{Ay} = F_{By} = \frac{F}{2} = 5 \text{ kN}(\uparrow)$$

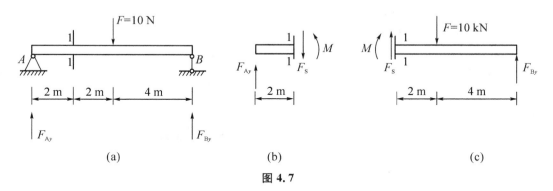

（a）　　　　　　　　　　　　　（b）　　　　　　　　　　　　　（c）

**图 4.7**

(2) 计算 1—1 截面处的内力。取左段为研究对象(图 4.7(b)),列平衡方程并求解剪力 $F_S$ 与弯矩 $M$。由

$$\sum F_y = 0, F_{Ay} - F_S = 0$$

得 $F_S = F_{Ay} = 5 \text{ kN}$

由 $\sum M_C = 0, -F_{Ay} \times 2 \text{ m} + M = 0$

得 $M = F_{Ay} \times 2 \text{ m} = 5 \text{ kN} \times 2 \text{ m} = 10 \text{ kN} \cdot \text{m}$

取右段为研究对象(图 4.7(c)),列平衡方程并求解 $F_S$ 与弯矩 $M$。

由 $\sum F_y = 0, F_S - F + F_{By} = 0$

得 $F_S = F - F_{By} = 10 \text{ kN} - 5 \text{ kN} = 5 \text{ kN}$

由 $\sum M_C = 0, -M - F \times 2 \text{ m} + F_{By} \times 6 \text{ m} = 0$

得 $M = -F \times 2 \text{ m} + F_{By} \times 6 \text{ m}$

$\quad = -10 \text{ kN} \times 2 \text{ m} + 5 \text{ kN} \times 6 \text{ m} = 10 \text{ kN} \cdot \text{m}$

选取左段或右段为研究对象,1—1 截面处的内力数值和正负号均相同。

2.4 剪力和弯矩的计算规律

从截面法计算剪力和弯矩的过程可知:通过建立静力平衡方程分别计算剪力和弯矩,过程繁琐。在掌握截面法计算内力的基础上,可直接利用外力计算内力,其计算规律是:

(1)剪力和弯矩的数值

梁上任一横截面的剪力,其数值等于该横截面一侧所有外力沿横截面方向投影的代数和。梁上任一横截面的弯矩,其数值等于该横截面一侧所有外力对横截面形心力矩的代数和。

(2)剪力和弯矩的正负号

以取梁左段(或右段)时内力的正方向为对比标准,凡外力投影的方向与剪力正方向相反者取正号,相同者取负号,即"左上右下剪力正"。凡外力对该横截面形心的力矩转向与弯矩方向相反者取正号,相同者取负号,取"左顺右逆弯矩正"。

计算梁的内力时,记住:

①$F_S$、$M$ 的正方向规定;

②"同向为负、反向为正"八字口诀。

**例 4.2** 如图 4.8(a)所示悬臂梁,已知 $q = 3 \text{ kN/m}$,$F = 5 \text{ kN}$,试计算距固定端 $A$ 为 1 m 处横截面上的内力。

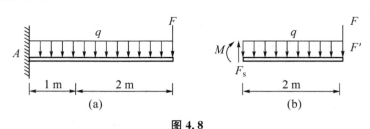

图 4.8

**解**:将梁在距 $A$ 点 1 m 处截开,取右段为研究对象,可省去求固定端 $A$ 处的支座反力,如图 4.8(b)所示。

$$F_S = q \times 2 \text{ m} + F = 3 \text{ kN/m} \times 2 \text{ m} + 5 \text{ kN} = 11 \text{ kN}$$

$$M = -q \times 2 \text{ m} \times 1 \text{ m} - F \times 2 \text{ m}$$

$$\quad = -3 \text{ kN/m} \times 2 \text{ m} \times 1 \text{ m} - 5 \text{ kN} \times 2 \text{ m} = -16 \text{ kN} \cdot \text{m}$$

# 任务 3 梁的内力图——剪力图与弯矩图

## 3.1 剪力图和弯矩图的概念

在工程中,了解剪力和弯矩在全梁内沿梁轴线的分布情况,知道剪力和弯矩的最大值及其所在横截面的位置,有助于施工人员理解图纸的设计意图,从而采用正确的施工方法。若用平行于梁轴的横坐标表示梁横截面的位置,用垂直于梁轴的纵坐标表示相应横截面上的剪力或弯矩,按一定比例绘制出来,这种形象地表示剪力和弯矩沿梁轴线变化情况的图形,分别称为剪力图和弯矩图,即梁的内力图。

在绘制梁的内力图时,习惯上正剪力画在横坐标轴的上方,负剪力画在横坐标轴的下方(画剪力图时要求标出正负号);而把弯矩图画在受拉侧(即正弯矩画在横坐标轴的下方,负弯矩画在横坐标轴的上方,由于弯矩图画在梁的受拉侧,故弯矩图的正负号可标可不标)。将弯矩图画在梁轴线受拉一侧的目的,是便于在混凝土梁中配置钢筋,即混凝土梁的受力钢筋基本上配置在梁的受拉一侧。

## 3.2 梁内力图的规律

### (1)简支梁在简单荷载作用下的内力图

绘制梁的内力图的基本方法是:先建立剪力方程和弯矩方程,再根据剪力和弯矩的函数关系,采用描点法得到相应的剪力图和弯矩图。表 4.1 是应用这种方法绘制出的简支梁在简单荷载作用下的内力图,读者可用截面法计算指定截面内力的方法加以验证。

**表 4.1 简支梁在简单荷载作用下的内力图**

| | | | |
|---|---|---|---|
| 荷载图 | | | |
| 剪力图<br>($F_s$ 图) | | | |
| 弯矩图<br>($M$ 图) | | | |

（2）直梁在简单荷载作用下的内力图特征

直梁在简单荷载作用下的内力图特征见表4.2。

表 4.2　直梁在简单荷载作用下的内力图特征

| 梁上荷载情况 | 无荷载区 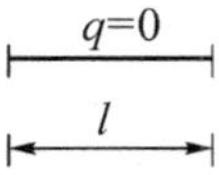 $q=0$ $l$ | | | 集中荷载作用处 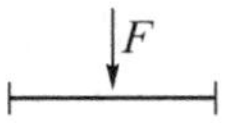 $F$ | 向下均布荷载区 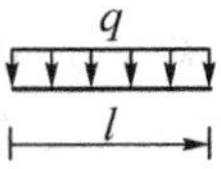 $q$ $l$ | 集中力偶作用处 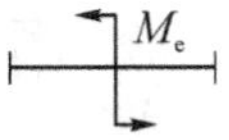 $M_e$ |
|---|---|---|---|---|---|---|
| 剪力图特征 | 水平直线 | | | 作用处突变 | 下倾斜直线 | 作用处无变化 |
| | $F_s>0$ ⊕ | $F_s<0$ ⊖ | $F_s=0$ | 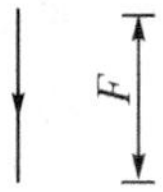 $F$ | 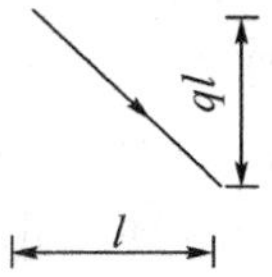 $ql$ $l$ | |
| 弯矩图特征 | 下倾斜直线 | 上倾斜直线 | 水平直线 | 作用处折成尖角 | 向下凸的抛物线 | 作用处突变 |
| | $F_s l$ | $F_s l$ | | | | $M_e$ |

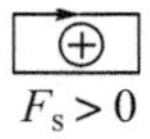

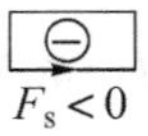

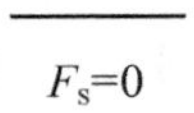

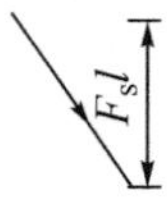

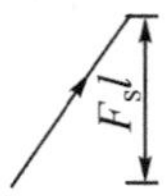

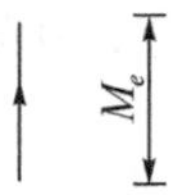

（3）梁内力图的规律

①无荷载区：剪力图为零线，弯矩图为水平直线；剪力图为水平直线，弯矩图为斜直线。

②集中力作用处：剪力图突变，突变的绝对值等于集中力的大小，突变的方向与集中力方向相同；弯矩图折成尖角，尖角方向与集中力方向相同。

③集中力偶作用处：剪力图无变化；弯矩图突变，突变的绝对值等于力偶矩的大小，突变的方向为顺时针力偶向下降，逆时针力偶向上升。

④均布荷载区：当均布荷载作用方向向下时，剪力图为下倾斜直线，变化的绝对值等于均布荷载的合力；弯矩图为向下凸的抛物线。

⑤剪力与弯矩的关系：当剪力图为正时，弯矩图斜向右下方；当剪力图为负时，弯矩图斜向右上方；剪力为零的截面，弯矩有极值；梁后控制截面弯矩等于前控制截面弯矩加上前后截面间剪力图的"面积"。

记住：梁的两端无集中力偶作用，弯矩必为零。这种通过对特定梁的内力图的讨论，探究内力图的一般规律，并用该规律简捷绘制梁的内力图的方法，是工作中分析问题、解决问题的一种常用方法。

3.3　梁内力图的绘制

**观察与思考**◀━━━━▷

试根据梁内力图的规律，判别如图4.9所示各梁的剪力图和弯矩图是否正确，若有错请说明原因。

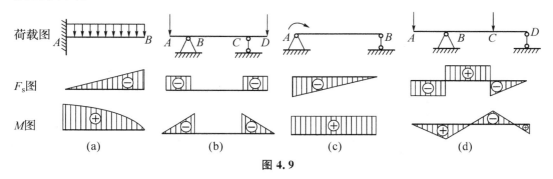

图 4.9

（1）梁内力图绘制步骤及其要点——五步绘图法

①求支座反力。

②找控制截面：梁的起、止截面，均布荷载的起、止截面，集中力（包括中间的支座反力）及集中力偶作用截面，剪力为零的截面。

③绘制剪力图：利用内力图的规律，看荷载图，跟集中力、均布荷载走。

④绘制弯矩图：利用内力图的规律，看荷载图中有无集中力偶（梁的两端无集中力偶作用，弯矩必为零；梁的截面处有集中力偶作用，按内力图规律第③条绘制），跟剪力图走。

⑤检查校对：剪力图、弯矩图自行封闭，绘图正确，否则绘图错误。

（2）梁内力图的绘制

**例 4.3** 如图 4.10(a)所示外伸梁，已知 $F=5$ kN，$q=4$ kN/m，试绘制梁的内力图。

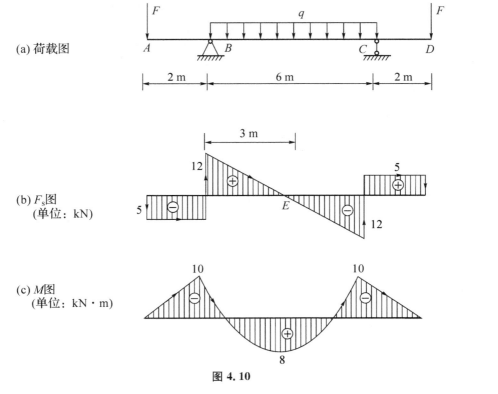

图 4.10

**解**:(1) 求支座反力。

根据对称性得

$$F_{By} = F_{Cy} = 5 + \frac{1}{2} \times 4 \times 6 = 17 \text{ kN}(\uparrow)$$

(2) 绘制剪力图(图 4.10(b))。

看荷载图,跟集中力、均布荷载走,绘制过程见表 4.3。

表 4.3　绘制剪力图

| 路径 | $A$ 点 | $AB$ 区 | $B$ 点 | $BC$ 区 | $C$ 点 | $CD$ 区 | $D$ 点 |
|---|---|---|---|---|---|---|---|
| 荷载 | $F=5$ kN $(\downarrow)$ | $q=0$ | $F_{By}=17$ kN $(\uparrow)$ | $q=4$ kN/m $(\downarrow)$ | $F_{Cy}=17$ kN $(\uparrow)$ | $q=0$ | $F=5$ kN $(\downarrow)$ |
| $F_S$ 图 | 0 ↓ $-5$ kN | → | 12 kN ↑ $-5$ kN | 12 kN ↘ $-12$ kN | 5 kN ↑ $-12$ kN | → | 5 kN ↓ 0 |
| $F_S$ 计算 | $F_{SA右}=-F$ $=-5$ kN | $-5$ kN | $F_{SB右}=F_{SA右}+$ $F_{By}=-5$ kN$+$ 17 kN $=12$ kN | $F_{SC左}=F_{SB右}$ $-q \times 6$ m $=12$ kN$-$ 4 kN/m$\times 6$ m $=-12$ kN | $F_{SC右}=F_{SC左}+$ $F_{Cy}=-12$ kN$+$ 17 kN$=5$ kN | 5 kN | $F_{SD右}$ $=F_{SC右}-F$ $=5$ kN$-5$ kN $=0$ |

(3) 绘制弯矩图(图 4.10(c))。无力偶,跟剪力图走,绘制过程见表 4.4。

表 4.4　绘制弯矩图

| 控制截面 | 弯矩控制值 | $M$ 图 |
|---|---|---|
| $A$ 点 | $M_A=0$(无力偶) | $AB$ 区　$-10$ kN·m ↗ 0 |
| $B$ 点 | $M_B=M_A+F_{SA右} \times 2$ m $=-5 \times 2=-10$ kN·m | |
| $E$ 点 | $M_E=M_B+\dfrac{1}{2}F_{SB右} \times 3$ m $=-10+\dfrac{1}{2} \times 12 \times 3=8$ kN·m | $BC$ 区　$-10$ kN·m　$10$ kN·m ⌣ $8$ kN·m |
| $C$ 点 | $M_C=M_E+\dfrac{1}{2}F_{SC右} \times 3$ m $=8+\left(-\dfrac{1}{5} \times 12 \times 3\right)=-10$ kN·m | $CD$ 区　$10$ kN·m ↘ 0 |
| $D$ 点 | $M_D=M_C+F_{SC右} \times 2$ m $=-10+5 \times 2$ m$=0$ (无力偶,必为零) | |

（4）$F_S$ 图、$M$ 图均自行封闭，绘图正确。

通过观察本例可以发现：因为该外伸梁结构的几何形状、受到的竖向荷载均左右相同，具有对称性，所以弯矩图在对称位置的弯矩数值和符号相等，具有对称性（工程上把这种对称称为正对称），剪力图在对称位置的剪力数值相等、符号相反，也具有对称性（工程上把这种对称称为反对称）。土木工程中对称结构使用非常广泛，一方面对称美符合人们的审美要求，另一方面结构受力合理，不仅可以简化计算，而且也可以简化设计计算和提高施工的效率。

**课堂实训**

如图 4.11 所示，已知 $F=10$ kN，$q=3$ kN/m，试绘制梁的内力图。

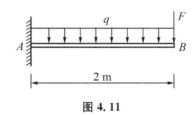

**图 4.11**

# 任务 4　梁的正应力及其强度条件

## 4.1　梁的正应力

**生活体验**

如图 4.12(a)所示为一根矩形截面简支橡胶梁，在梁的中部 $CD$ 段侧面画上一系列与梁轴平行的纵向线及垂直于梁轴的横向线（图 4.12(b)），构成许多小方格。然后在梁的 $C$、$D$ 处各作用一个集中力 $F$，试观察梁发生弯曲变形后各纵向线和横向线的变化情况。

通过观察（图 4.12(c)）可以发现：各横向线仍为直线，但倾斜了一个角度；各纵向线弯成曲线，梁的下部纵向线伸长，上部纵向线缩短。据此可以作出如下分析与假设：梁的各横向线所代表的横截面，在变形前是平面，变形后仍为平面（平面假设）；纵向线的伸长与缩短，表明了梁内各点分别受到纵向拉伸或压缩。由梁下部的受拉而伸长逐渐过渡到梁上部受压而缩短，于是梁内必定有一既不伸长也不缩短的层，这一不受拉、不受压、长度不变的层称为中性层，中性层与横截面的交线称为中性轴（图 4.12(d)）。中性轴通过截面的形心并与竖向对称轴垂直。

综合上述梁弯曲实验分析和理论推算，梁的正应力分布规律是：梁的正应力沿截面高度成线性分布（"K"形分布，图 4.12(e)），中性轴处正应力为零，上、下边缘处正应力最大。

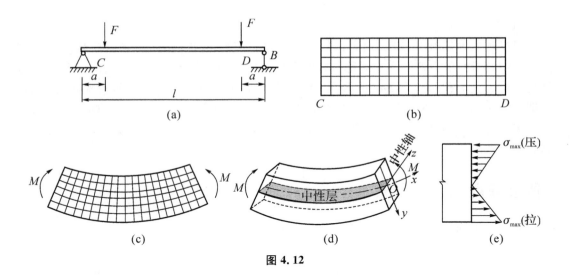

图 4.12

## 4.2　梁的正应力计算

梁的正应力计算公式为：

$$\sigma = \frac{M \cdot y}{l_z} \tag{4.1}$$

土木工程中，在解决梁的强度计算问题时，对矩形、圆形等具有上下对称截面的梁，关注的是梁的最大正应力发生在何处，其值是多大？梁发生弯曲变形时，最大弯矩 $M_{max}$ 所在的截面是危险截面，该截面上距中性轴上、下最远边缘处有最大的拉应力和压应力，是危险点。

根据理论计算，梁的最大正应力计算公式为：

$$\sigma_{max} = \frac{M_{max}}{W_z} \tag{4.2}$$

式中：$W_z$ 称为抗弯矩系数，它是衡量截面抗弯能力的一个几何量。如图 4.13 所示矩形截面的 $W_z = \frac{bh^2}{6}$，正方形截面的 $W_z = \frac{a^3}{6}$，圆形截面的 $W_z = \frac{\pi d^3}{32}$。抗弯截面系数常用单位是 $m^3$ 或 $mm^3$。

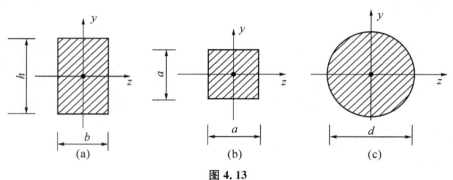

图 4.13

**例 4.4** 如图 4.14(a)所示,矩形截面简支梁受到均布荷载作用,已知截面尺寸 $b \times h = 200 \text{ mm} \times 400 \text{ mm}$,跨度 $l = 6 \text{ m}$,$q = 4 \text{ kN/m}$,试计算梁上的最大正应力。

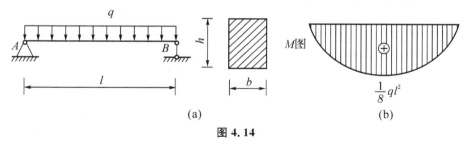

图 4.14

**分析**:计算最大正应力的思路为:

(1) 绘制弯矩图,找出 $M_{max}$。

(2) 按公式计算 $W_z$。

(3) 按式(4.2)计算最大正应力。计算过程中,必须注意各量单位统一的问题。一般情况下,若 $M_{max}$ 单位采用 N·mm,$W_z$ 单位采用 mm³,则 $\sigma_{max}$ 单位是 MPa。

**解**:(1) 绘制 $M$ 图(图 4.14(b))。$M_{max}$ 发生在跨中截面,并有

$$M_{max} = \frac{1}{8}ql^2 = \frac{1}{8} \times 4 \text{ kN/m} \times (6 \text{ m})^2 = 18 \text{ kN·m}$$

(2) 计算 $W_z$。

$$W_z = \frac{1}{6}bh^2 = \frac{1}{6} \times 200 \text{ mm} \times (400 \text{ mm})^2 = 5.33 \times 10^6 \text{ mm}^3$$

(3) 计算 $\sigma_{max}$。

$$\sigma_{max} = \frac{M_{max}}{W_z} = \frac{18 \times 10^6 \text{ N·mm}}{5.33 \times 10^6 \text{ mm}^3} = 3.38 \text{ MPa}$$

## 4.3 梁的正应力强度条件

(1) 正应力强度条件

为保证梁安全工作,梁内的最大正应力不得超过材料的许用应力,这就是梁的强度条件。当材料的抗拉与抗压能力相同时,正应力强度条件可表达为

$$\sigma_{max} = \frac{M_{max}}{W_z} \leqslant [\sigma] \tag{4.3}$$

当材料的抗拉与抗压能力不同时,常将梁的截面做成上、下与中性轴不对称的形式,例如倒 T 形截面铸铁梁(图 4.15(a)),其正应力分布规律如图 4.15(b)所示,正应力强度应同时满足抗拉和抗压强度条件的要求。

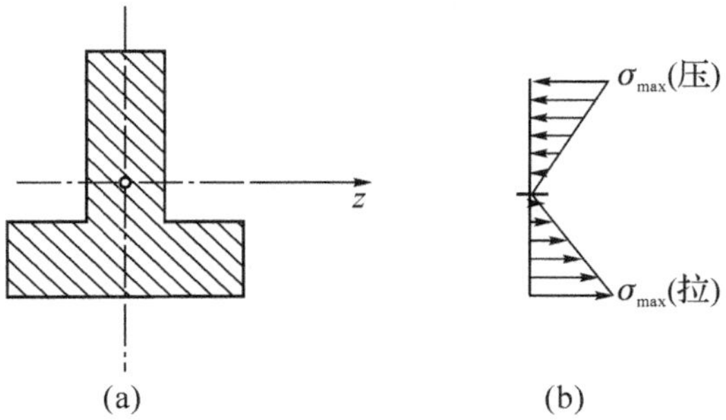

$\sigma_{max}$(压)

$z$

$\sigma_{max}$(拉)

(a)      (b)

图 4.15

（2）正应力强度条件的应用

根据正应力强度条件可解决工程中有关强度方面的三类问题：

①校核强度。在已知梁的截面尺寸、材料及所受荷载情况下，对梁作正应力强度校核，即校核 $\sigma_{max} = \dfrac{M_{max}}{W_z} \leqslant [\sigma]$ 是否成立。

②选择截面。在已知梁的材料及荷载时，可根据强度确定抗弯截面系数，即 $W_z \geqslant \dfrac{M_{max}}{[\sigma]}$

③计算许用荷载。在已知梁的材料及截面尺寸时，先根据强度条件计算此梁能承受的最大弯矩，即 $M_{max} \leqslant W_z \cdot [\sigma]$

**例 4.5** 如图 4.16 所示，桥式起重机的大梁采用 36b 工字钢制成。已知梁长 $l = 12$ m，当钢梁、电动葫芦及钢丝绳的自重均不计时，若该起重机的最大起重荷载 $F = 40$ kN，型钢的许用应力 $[\sigma] = 160$ MPa，试校核大梁的强度。

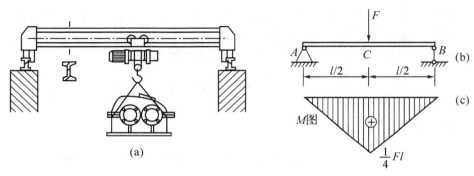

**图 4.16**

当梁上作用移动荷载时，先判别该移动荷载作用于何处，梁的弯矩将达到最大值，此时梁处于最不利状态。

**分析**：根据图 4.16(a)所示桥式起重机大梁的结构分析，可将大梁简化为简支梁。当最大起重荷载 $F$ 作用于简支梁跨中截面 $C$ 处（图 4.16(b)）时，对结构产生最不利影响，此时弯矩达到最大值。

**解**：（1）绘制 $M$ 图（图 4.16(c)），计算 $M_{max}$。

$$M_{max} = \frac{1}{4}Fl = \frac{1}{4} \times 40 \text{ kN} \times 12 \text{ m} = 120 \text{ kN} \cdot \text{m}$$

（2）查型钢表：36b 工字钢的 $W_z = 919$ cm³。

（3）利用式（4.2）校核强度。

$$\sigma_{max} = \frac{M_{max}}{W_z} = \frac{120 \times 10^6 \text{ N} \cdot \text{mm}}{919 \times 10^3 \text{ mm}^3} = 130.58 \text{ MPa} < [\sigma]$$

经校核该大梁满足强度要求。

上例中，在其他条件不变的情况下，请分析：

（1）当起重机的最大起重荷载 $F = 40$ kN 时，选择大梁的工字钢型号。

（2）当大梁采用 36b 工字钢时，该起重机的许用最大起重荷载是多少？

**解**:(1) 当起重机的最大起重荷载 $F = 40$ kN 时

$$W_z \geqslant \frac{M_{\max}}{[\sigma]} = \frac{120 \times 10^6}{160} = 7.5 \times 10^5 \text{ mm}^3 = 750 \text{ cm}^3$$

大梁可选用 32c 工字钢($W_z = 760.47$ cm³)。

(2) 当大梁采用 36b 工字钢时,由

$$\sigma_{\max} = \frac{M_{\max}}{W_z} = \frac{\frac{1}{4}Fl}{W_z} = \frac{Fl}{4W_z} \leqslant [\sigma]$$

得　$F \leqslant \frac{4}{l}W_z[\sigma] = \frac{4}{12 \times 10^3 \text{ mm}} \times 919 \times 10^3 \text{ mm}^3 \times 160 \text{ N/mm}^2 = 49.01$ kN

该起重机的许用最大起重荷载 $F = 49.01$ kN。

# 任务5　梁的变形

梁在荷载作用下,为了保证梁能正常工作,除了应满足强度要求外,还需要满足刚度要求,即梁的最大变形不得超过某一容许值,否则会影响正常使用。例如,楼板梁变形过大时会使下面的灰层开裂、脱落;桥梁变形过大时车辆行驶会引起很大的振动等。

## 5.1　挠度的概念

如图 4.17 所示,简支梁在跨中集中力 $F$ 作用下产生弯曲变形,每个横截面都发生了相应的移动和转动。横截面形心在垂直于梁轴线方向的位移称为挠度,用 $y$ 表示,并规定向下为正;横截面绕中性轴转动的角度称为转角,用 $\varphi$ 表示,并规定顺时针的转角为正。

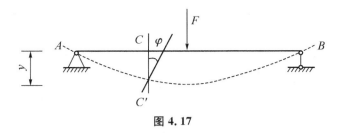

**图 4.17**

## 5.2　最大挠度所在位置及其影响因素

### (1) 最大挠度及其所在位置

工程中,梁的变形大小可用挠度来衡量。在梁的挠度计算中,通常不需要计算每个截面的挠度值,只要求出梁的最大挠度并确定其所在的位置即可。简单荷载作用下梁的最大挠度及其作用位置见表 4.5。当梁上有几个或几种荷载同时作用时,梁的最大挠度一般可利用叠加法计算。

**表 4.5　简单荷载作用下梁的最大挠度及其作用位置**

| 序号 | 支承、荷载情况和最大挠度及其作用位置 | 最大挠度 $y_{max}$ |
|---|---|---|
| 1 | 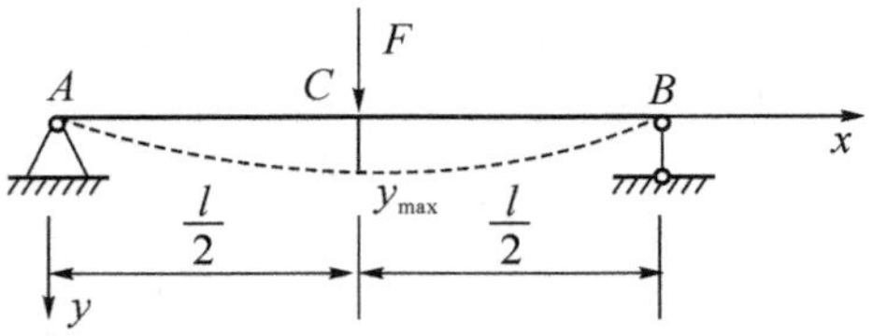 | $y_{max} = \dfrac{Fl^3}{48EI}$ |
| 2 | 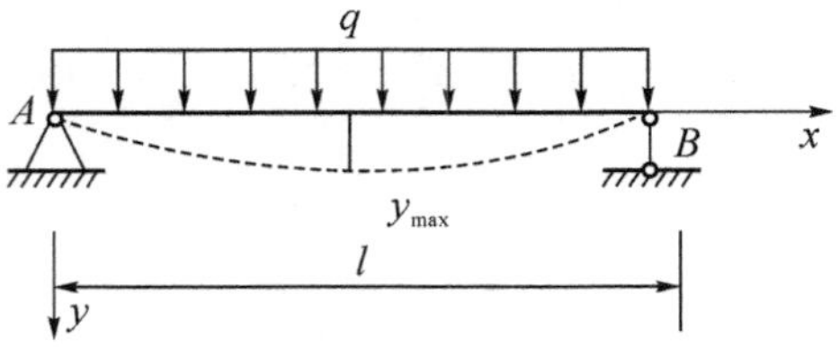 | $y_{max} = \dfrac{5ql^4}{384EI}$ |
| 3 | 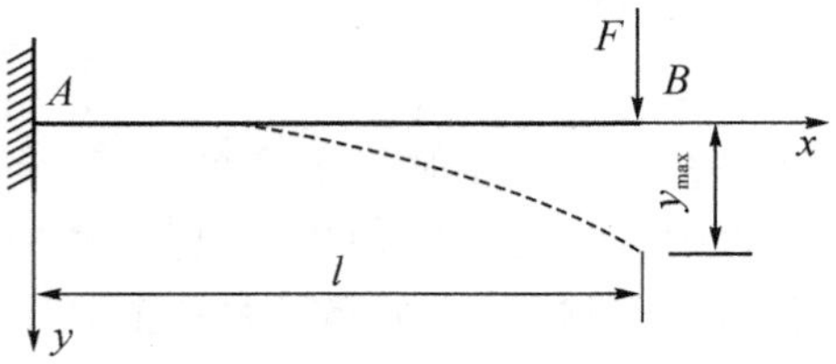 | $y_{max} = \dfrac{Fl^3}{3EI}$ |
| 4 | 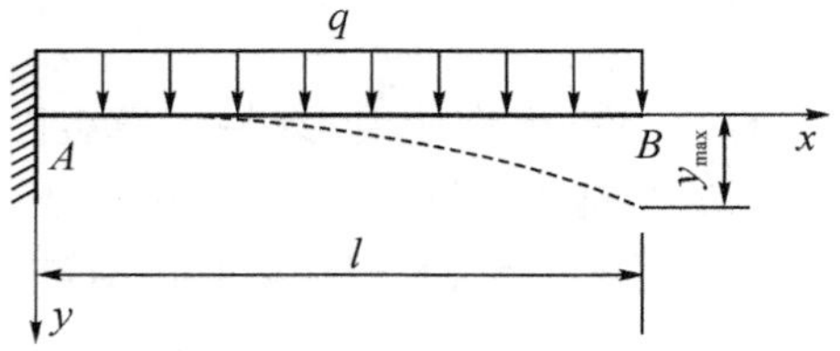 | $y_{max} = \dfrac{ql^4}{8EI}$ |

（2）最大挠度的影响因素

由表 4.5 中各梁的最大挠度计算公式可以发现：梁的最大跨度与荷载作用方式、梁的跨度 $l$、抗弯刚度 $EI$ 和支承情况有关。

以上各因素可概括为：

$$y_{max} = \frac{荷载}{系数} \times \frac{l^n}{EI} \qquad (4.4)$$

要减少梁的最大挠度（提高刚度），可根据工程实际情况通过改善荷载作用方式（如用均布荷载代替集中荷载）、减少梁的跨度 $l$（此方法最有效，但往往受到工程要求限制）和增大梁的抗弯刚度 $EI$（如增大梁横截面的截面二次矩 $I$）等措施来实现。

# 任务6  直梁弯曲在工程中的应用

## 6.1  弯矩图在工程中的应用

某六层宿舍楼,建成两年后其第六层阳台上方的雨篷折断而倾覆,其破坏情况如图4.18所示。

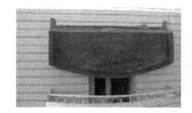

|  (a) 正面            (b) 侧面            (c) 断面受力钢筋位置 |
| --- |

图 4.18

原因分析:本案例中的雨篷属于板。板和梁一样都是工程中常见的受弯构件。在土木工程中,梁、板两端通常支撑在墙或梁上,在垂直荷载作用下,构件内将产生正弯矩,即下部受拉、上部受压,如图4.19(a)所示,因而受力钢筋必须配置在构件的下部。但悬挑构件(如雨篷、挑檐、阳台等)不同,在垂直荷载作用下,构件内将产生负弯矩,即构件上部受拉、下部受压,如图4.19(b)所示,所以受力钢筋必须配置在构件的上部。悬挑构件的最大剪力和弯矩均发生在靠近支座的截面上,这个位置最容易发生破坏。造成悬挑构件折断的原因可能有两种:一是不懂悬挑构件的受力原理,把受力钢筋布置在构件的下部,受力钢筋不起作用,构件抗拉能力不足从而折断;二是虽然知道受力原理,把受力钢筋布置在上部,但因支垫不妥,施工时浇混凝土的工人把上部的受力钢筋踩了下去或被浇筑的混凝土压到了下面,受力钢筋的作用大大降低,造成折断。从图4.18(c)所示雨篷断面受力钢筋位置看,本案例雨篷折断而倾覆是第二种原因所致。

2009年4月,在京石高速辅路卢沟桥大修施工现场,两辆吊车正在吊装一根约30 m长,重量约110 t的钢筋混凝土箱式桥梁,如图4.20(a)所示,起吊点位于靠近预制梁两端一定范围内。

原因分析:预制桥梁的吊装是装配式桥梁施工中的关键性工序。为了吊装方便与稳定,所以选择在桥梁的两端附近对称地绑扎起吊。桥梁在使用过程中是按受弯构件来设计的,如果使用一辆吊车采用图4.20(b)所示的方式吊起,桥梁在吊装过程中不仅会发生弯曲变形,而且会在吊索水平分力作用下产生压缩变形,该压缩变形可能导致桥梁破坏,所以在施工过程中采用两辆吊车,且在吊索垂直于桥梁的状态下实施吊装。此时桥梁的受力图如图4.20(c)所示,利用梁的内力图规律可画出桥梁的弯矩图(图4.20(d))。从图4.20(d)中可看出,起吊点处承受负弯矩,距离端部越远,负弯矩越大。所以吊点位置应在距桥梁端部一定范围内而不能内移,以免吊点的正应力超过材料的许用应力而造成桥梁破坏。

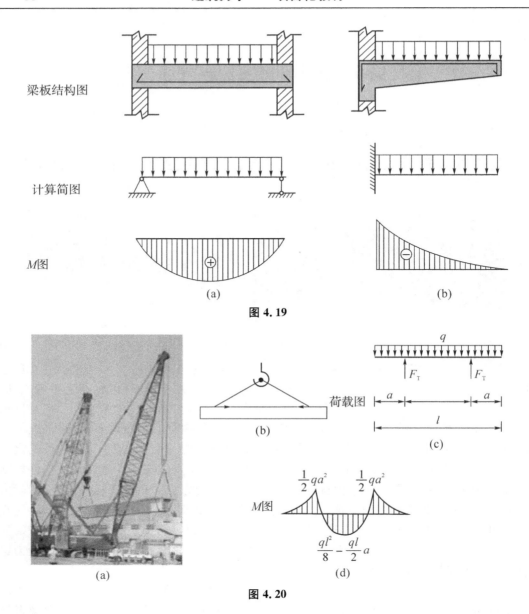

梁板结构图

计算简图

$M$图

(a)　　　　　　　　　　　　(b)

**图 4.19**

(a)

(b)

荷载图

$q$

$F_T$　$F_T$

$a$　　　　　　$a$

$l$

$M$图

$\dfrac{1}{2}qa^2$　　$\dfrac{1}{2}qa^2$

$\dfrac{ql^2}{8}-\dfrac{ql}{2}a$

(c)

(d)

**图 4.20**

### 6.2　提高梁抗弯强度的措施

**生活体验**

请读者按下列实验要求动手做一做,想一想。

取两张大小、厚度都相同的长条形硬纸片,如图 4.21(a)、(b)所示,一张不折叠,一张折叠成槽形,分别支承在两端固定的物体上,并在中间处小心地加上粉笔,比较它们的抗弯能力。取一根约 15 cm 的塑料直尺,"平放"在两端支承物体上,如图 4.21(c)所示,在直尺中间处用手指给它一个竖直向下的作用力 $F$；用拇指与食指捏住直尺中间处，"立放"在两端支承物体上，并给它一个竖直向下的作用力 $F$，如图 4.21(d)所示。比较它们的抗弯能力。取两根约 15 cm 的相同的塑料直尺和两支相同的圆笔筒，放置如图 4.21(e)所示，在直尺的中间处用手指给它一个竖直向下的作用力 $F$，观察比较下面一根直尺与图4.21(c)所示直尺的承受荷载能力和弯曲变形情况。

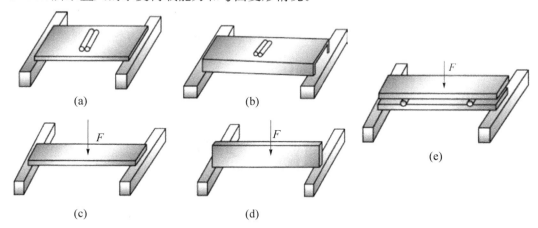

图 4.21

工程中设计梁时，提高梁的抗弯强度，在材料用量一定的情况下可以使梁承受较大荷载；在承受一定荷载的情况下，提高梁的抗弯强度可以节约材料，达到既安全又经济的目标。一般情况下，梁的抗弯强度是由梁的最大正应力 $\sigma_{max}$ 决定的，根据梁的正应力强度条件，提高梁的抗弯强度主要从提高梁的抗弯截面系数 $W_z$ 和降低最大弯矩 $M_{max}$ 这两方面着手。

从图 4.21 所示实验可知，材料和截面积都相同的构件，采用不同的横截面形状，它们的抗弯能力不同；同一构件放置方式不同，它们的抗弯能力不同；同一构件放置方式相同，改变荷载布置方式，它们在承受同样大荷载的情况下弯曲变形情况也会不同。

（1）选择合理的截面形状

合理的梁截面形状，应使梁在截面面积相同（材料用量相同）的情况下，取得较大的抗弯截面系数。截面面积相同的几种截面的抗弯截面系数的比较见表 4.6。

表 4.6　截面面积相同的几种截面抗弯截面系数的比较

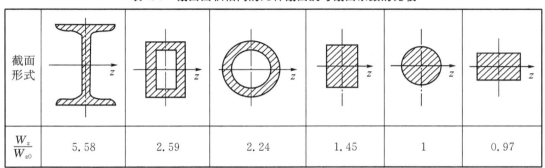

| 截面形式 | | | | | | |
|---|---|---|---|---|---|---|
| $\dfrac{W_z}{W_{z0}}$ | 5.58 | 2.59 | 2.24 | 1.45 | 1 | 0.97 |

注：①表中空心截面的壁厚相等，矩形截面取长边是短边的 1.5 倍计算。
　　②$W_{z0}$ 是圆形截面的抗弯截面系数。

　　从表 4.6 中可以看出:工字形截面和空心截面梁的抗弯能力强,因此工字形和空心截面是提高梁抗弯强度的合理截面。同一根梁的放置方式不同,它们的抗弯能力也不同,矩形截面梁"立放"时的抗弯截面系数大于其平放时的抗弯截面系数,所以常见的矩形截面梁通常是截面高度大于截面宽度。

　　根据梁的正应力分布规律,离中性轴较远处正应力很大,而在中性轴附近处正应力很小,为了充分发挥材料的作用,应减少在中性轴附近处的材料用量,而把大部分材料布置在距中性轴较远处。工程中要同时考虑构造要求和施工的方便,梁的截面常采用矩形、工字形、箱形和 T 形等截面形式。

　　(2) 合理布置梁上荷载

　　在条件许可时,把集中荷载变成分布荷载(图 4.22)。

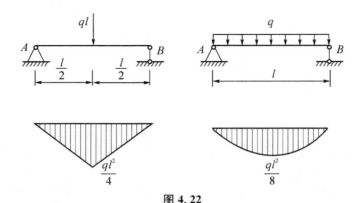

图 4.22

　　把集中荷载分散并靠近支座布置(图 4.23)。

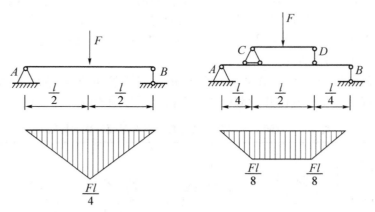

图 4.23

　　改变支座位置以减少梁的跨度(图 4.24),均可降低弯矩的最大值。

　　(3) 采用变截面梁

　　工程中按正应力强度条件设计梁的截面时,是根据危险截面上的最大弯矩来计算的,而梁的其他截面上的弯矩值通常小于最大弯矩。

　　因此,为了节约材料,根据工程实际情况可考虑按各截面的弯矩大小来确定梁的截面

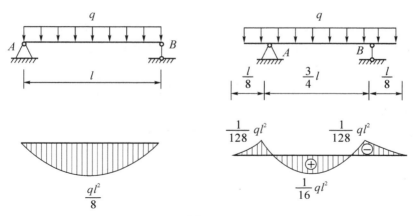

图 4.24

尺寸,这种截面随梁轴位置不同而发生改变的梁叫做变截面梁。工程上常采用形状简单、接近等强度梁(每一截面上的最大正应力都刚好等于或略小于材料许用应力的梁)的变截面梁,例如阳台、雨篷的挑梁(图 4.25(a)),鱼腹式吊车梁(图 4.25(b))等。

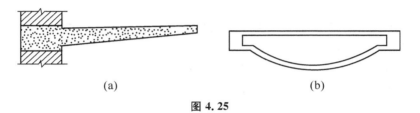

(a)　　　　　　　　　　　　　　(b)

图 4.25

工程实际中,梁的截面形状的设计不仅要考虑节约材料,而且还要考虑施工难易程度,要综合多种因素达到既安全又经济的目的。

### 6.3　动荷载作用对受弯构件的影响

前面研究的受弯构件上作用的荷载都是静荷载,即在施加荷载时,由零缓慢增加到最终值并在以后保持不变或变化很小的荷载,如自重荷载、土压力等。工程实际中还存在着动荷载作用。当构件所受荷载的大小和方向随时间变化时,这种荷载称为动荷载,如起重机吊重物加速上升时吊绳对重物的拉力,打桩时重锤对桩的冲击荷载等。

动荷载的破坏作用是十分惊人的。例如,2001 年 9 月 11 日恐怖袭击造成美国纽约世贸中心大楼倒塌;2008 年 5 月 12 日中国四川汶川大地震造成汶川县八个镇被夷为平地,房屋、桥梁等严重损坏坍塌。这些都是结构在受到威力巨大的动荷载作用下造成土木工程灾难的典型案例。

某桥式起重机驾驶员由于未遵守操作规程,吊运重物超速行驶并突然紧急刹车,导致吊索断裂、吊车梁受损、人员伤亡的严重事故。

原因分析:由于横向小车超速前进并突然紧急刹车,使得所吊重物产生激烈摆动,吊索、吊车梁受到了巨大的冲击荷载作用,导致吊索受拉超限断裂,吊车梁受弯损坏。因此,在工程施工过程中,要严格遵守操作规程,不得在垂直、水平吊运时紧急刹车或突然加速,以免造成人为事故。

　　某中学教学楼工程，主体为三层混合结构。工程于 1982 年施工，当铺设屋面预应力圆孔板时，不慎有一块预应力圆孔板从屋面滑下，造成下面两层预应力圆孔板均被砸断的工程事故。

　　原因分析：预应力圆孔板属于受弯构件，由预应力钢丝与混凝土构成，预应力钢丝张拉后其塑性降低，而混凝土属于脆性材料，当受到巨大的冲击荷载作用时，弯矩将突然增大而被砸断。因此在工程施工时，要加强安全教育，严防高空坠物事故发生。

## 项目小结

　　1. 弯曲变形和梁的形式

　　（1）弯曲变形：当构件受到垂直于其轴线方向的荷载作用时，构件的轴线由直线变成曲线。

　　（2）三种简单直梁：简支梁、外伸梁、悬臂梁。

　　2. 梁的内力和内力图

　　（1）内力组成：剪力 $F_S$ 和弯矩 $M$。

　　（2）内力正负号规定：剪力使分离体有顺时针转动趋势为正，反之为负；弯矩使分离体产生向下凸变形为正，反之为负。

　　（3）内力的计算：运用截面法和计算规律计算内力。

　　（4）内力图的绘制：理解内力图规律并运用内力图规律简捷绘制内力图。

　　3. 梁的正应力

　　（1）正应力分布规律：沿梁的截面高度成线性分布（"K"形分布），中性轴处正应力为零，上、下边缘处正应力最大。

$$\sigma_{max} = \frac{M_{max}}{W_z}$$

　　（2）最大正应力：

　　矩形截面 $W_z = \dfrac{bh^2}{6}$，圆形截面 $W_z = \dfrac{\pi d^3}{32}$，型钢截面的 $W_z$ 可查型钢表。

　　（3）危险截面、危险点：最大弯矩所在的截面为危险截面，危险截面上拉应力和压应力最大的点为危险点。

　　4. 梁的正应力强度条件

　　（1）强度条件：

$$\sigma_{max} = \frac{M_{max}}{W_z} \leqslant [\sigma]$$

　　（2）强度条件的应用：解决校核强度、选择截面和计算许用荷载三类工程问题。

　　5. 梁的变形

　　（1）挠度：梁的横截面形心沿垂直于梁轴方向的位移。

　　（2）最大挠度：

$$y_{\max} = \frac{荷载}{系数} \times \frac{l^n}{EI}$$

**思考与练习**

1. 判别图 4.26 所示各梁的内力图是否正确,如有错误加以改正。

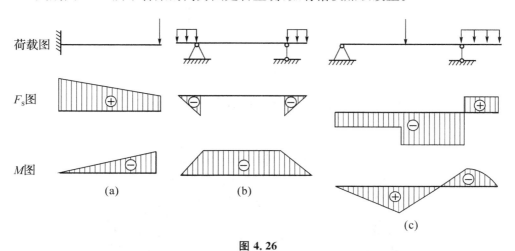

**图 4.26**

2. 如图 4.27 所示,把两根截面尺寸均为 $a \times 2a$ 的矩形截面预制钢筋混凝土小梁组合成一根使用,上下叠放还是侧立并放更合理些?

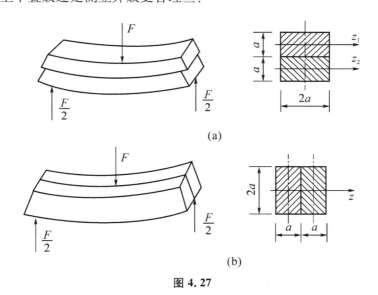

**图 4.27**

3. 标准双杠如图 4.28 所示,试运用力学知识回答下列问题:

(1) 两根竖直立柱支撑为什么不放在双杆的两端而要内移?

(2) 一个重量为 $G$ 的运动员在双杠上什么位置时,双杠将产生最大正弯矩和最大负弯矩?

（3）最大正弯矩和最大负弯矩发生在什么位置？其值大小各为多少？

（4）双杠为什么要用具有较好弹性的材料制成？

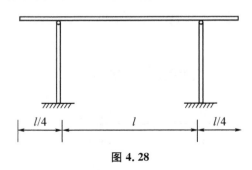

图 4.28

4. 如图 4.29 所示，为什么将超重的货物置于有多个轮子的大型平板车上，能安全通过承载力较小的桥梁？

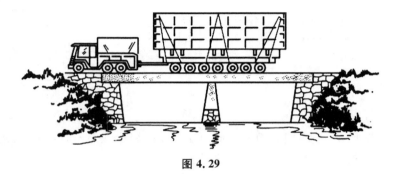

图 4.29

5. 已知 $F=10$ kN，$q=4$ kN/m，$M_e=8$ kN·m，试计算图 4.30 所示各梁指定截面的内力。

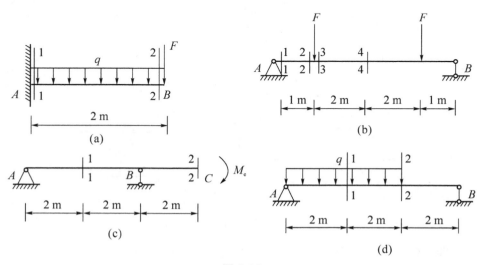

图 4.30

6. 运用内力图的规律绘制下列各梁的内力图。已知 $F = 10$ kN, $q = 2$ kN/m, $M_e = 12$ kN·m。

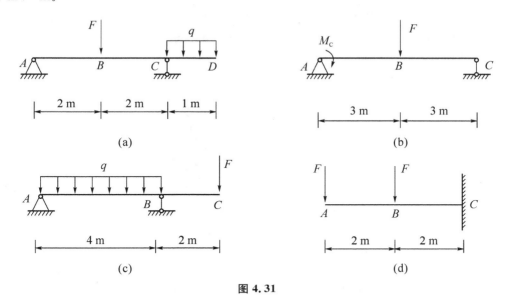

图 4.31

7. 试求图 4.32 所示各梁的最大正应力。

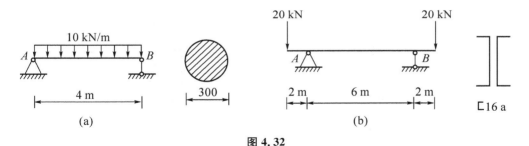

图 4.32

8. 如图 4.33 所示的某跳水用跳板,已知运动员弹跳时作用在跳板端的荷载 $F = 2.2$ kN,板的截面为矩形,$b \times h = 100$ mm $\times 500$ mm,材料的许用应力 $[\sigma] = 7$ MPa,试校核跳板是否满足正应力强度条件?

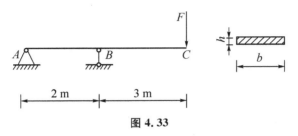

图 4.33

9. 某矩形截面简支梁作用满跨均布荷载 $q = 3$ kN/m,已知跨度 $l = 4$ m,截面尺寸 $b \times h = 120$ mm $\times 240$ mm,材料的许用应力 $[\sigma] = 7$ MPa,试校核该梁的强度并计算该梁能承

受的最大荷载 $q_{max}$。

10. 支承在墙上的木梁承受由楼板传来的荷载如图 4.34 所示,若楼板上的均布面荷载 $q'=2.5$ kN/m²,木梁的间距 $a=1.4$ m,跨度 $l=5$ m,木材的许用弯曲应力 $[\sigma]=12$ MPa,木梁的截面为矩形,$b \times h=140$ mm×200 mm。试:

(1) 画出木梁的力学计算简图;

(2) 校核木梁的正应力强度。

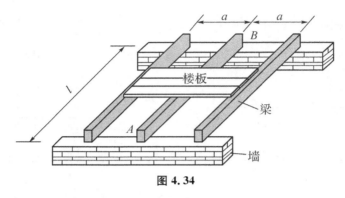

图 4.34

11. 某圆形截面木梁受荷情况如图 4.35 所示。已知 $l=3$ m,$F=3$ kN,$q=3$ kN/m,木材的许用弯曲应力 $[\sigma]=10$ MPa,试选择此梁的直径 $d$。

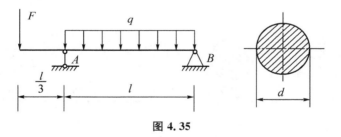

图 4.35

# 项目五　影响受压构件稳定性的因素

## 任务 1　受压构件平衡状态的稳定性

### 1.1　失稳的概念

如图 5.1 所示,用大小不同的打印纸卷成长短不同但粗细相同的两个纸筒,然后用手掌用力从上端压这两个纸筒。实验结果如何? 哪个容易被"压坏"? 说明什么问题?

由实验结果可以看出,当两个纸筒受到相同的压力时,长纸筒容易向一方弯折而发生"破坏"。其破坏并非因强度不足,而是突然发生变形的改变,原来轴向压缩的变形变为弯曲变形了。

杆件所受压力逐渐增加到某个限度时,压杆将由稳定状态转化为不稳定状态。这个压力的限度称为临界力 $F_{cr}$。它是压杆保持直线稳定形状时所能承受的最小压力。当压力 $F$ 超过临界力 $F_{cr}$ 时,干扰力作用下的微弯曲会继续增大甚至使压杆弯断。此时压杆直线形状的平衡是不稳定平衡状态。

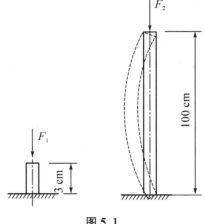

图 5.1

压杆的稳定性与轴向压力的大小有关:当轴向压力小于临界力 $F_{cr}$ 时,压杆是稳定的;当轴向压力等于或大于临界力 $F_{cr}$ 时,压杆是不稳定的。因此,压杆稳定的关键是确定各种压杆的临界力,要控制压杆承受的轴向压力小于临界力,保证受压构件的稳定性。

### 1.2　受压杆件临界力计算公式

$$F_{cr} = \frac{\pi^2 EI}{(\mu l)^2} \tag{5.1}$$

式中:$EI$——压杆截面的抗弯刚度,其中 $E$ 为材料的弹性模量,$I$ 为截面二次矩;

　　　$\mu l$——压杆的计算长度,其中 $\mu$ 为压杆的长度系数(表 5.1),$l$ 为压杆的长度。

表 5.1　压杆的长度系数 $\mu$ 值表

| 压杆两端支承情况 | 一端固定,一端自由 | 两端铰支 | 一端固定,一端铰支 | 两端固定 |
|---|---|---|---|---|
| 长度系数 $\mu$ | 2 | 1 | 0.7 | 0.5 |

（1）临界力与压杆的抗弯刚度 $EI$ 成正比。压杆的抗弯刚度越大时,应取最小截面二次矩,就越不容易产生弯曲变形而失稳,因而临界力也越大。压杆失稳时,杆件总是在抗弯刚度最小的方向发生弯曲。

（2）临界力与压杆的计算长度的平方成反比。计算长度综合反映了压杆的长度和支座的约束情况对临界力的影响。压杆的稳定性随着压杆计算长度的增加而急剧下降。

特别注意:

（1）计算临界力时,应取最小截面二次矩,因为临界力越小,压杆越容易失稳;

（2）截面的面积分布离坐标轴越远,截面二次矩越大,反之越小。

### 1.3　提高压杆稳定性的措施

（1）减小压杆的长度（减小 $l$ 值）

在其他条件相同的情况下,减小压杆长度从而可以减小压杆的计算长度,这是提高压杆稳定性的有效措施之一。在条件许可的情况下,应尽量使压杆长度减小,或在压杆中间增加支承（图 5.2）。

（2）改善支承条件（减小 $\mu$ 值）

在其他条件相同的情况下,加强杆端支承可减小长度系数 $\mu$ 值,也可以减小压杆的计算长度,即提高了压杆的稳定性。因此杆端越不易转动,杆端的支承条件越好,长度系数就越小,压杆就越不易失稳。

（3）选择合理的截面形状（增大 $I$ 值）

在压杆各个方向的约束条件相同、横截面面积 $A$ 相等的情况下,尽量增大截面对两个轴的截面二次矩 $I$ 值,而且相等,这是选择合理的截面形状的基本原则。

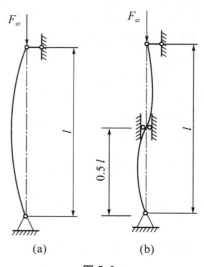

(a)　　(b)

图 5.2

## 交流与讨论

如图 5.3 所示两组的截面面积分别相等,若作为压杆使用,各组中哪一个截面相对合理? 为什么?

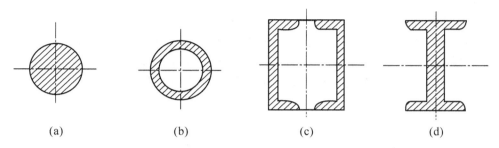

(a)                    (b)                    (c)                    (d)

**图 5.3**

(4) 选择适当的材料(增大 $E$ 值)

在其他条件相同的情况下,可以选择弹性模量 $E$ 值大的材料来提高压杆的稳定性。但是,由于材料的特性,提高弹性模量很困难,也是不经济的。如普通碳素钢与合金钢的 $E$ 值相差不大,所以采用高强度合金钢不能提高压杆的稳定性。细长压杆的临界力与强度指标无关。

此外,在实际工程中,在可能的情况下,可从结构方面采取相应的措施,如将结构中细长压杆转换成拉杆,可以从根本上消除失稳现象。(图 5.4)

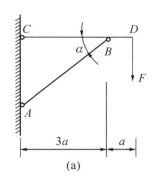

**图 5.4**

**图 5.5**

(5) 在"细长"立柱之间增设横梁,以保证其稳定性

应用分析:某商场大厅中的立柱如图 5.5 所示,由于大厅的层高过高,立柱显得很"细长",而立柱是受压杆件,所以需要考虑稳定性问题。经计算,设计人员为了保证立柱在受压过程中的稳定性,采取了图示中的方案,在立柱之间增设了横梁,相当于增加了支承,减少了压杆的长度,从而保证其稳定性。

## 项目小结

1. 受压构件平衡状态的稳定性

（1）在一定轴向压力作用下，细长直杆突然丧失其原有直线平衡状态的现象称为压杆丧失稳定性，简称失稳。

（2）受压构件的三种平衡状态：细长压杆承受的轴向压力小于某一界限值时，压杆处于稳定的平衡状态；当轴向压力大于该界限值时，压杆处于不稳定的平衡状态；当轴向压力等于该界限值时，压杆处于临界平衡状态，这一界限压力值称为临界力。

研究压杆的稳定，关键在于确定临界力，临界力计算公式为：

$$F_{cr} = \frac{\pi^2 EI}{(\mu l)^2}$$

2. 影响受压构件稳定性的因素

（1）受压构件的材料、长度、截面的形状以及构件的支承情况都会影响其稳定性。

（2）提高压杆的稳定性可以采取以下措施：

①减小压杆的长度（减小 $l$ 值）

②改善支承条件（减小 $\mu$ 值）

③选择合理的截面形状（增大 $I$ 值）

④选择适当的材料（增大 $E$ 值）

3. 受压杆件的稳定性问题

受压构件才存在稳定性问题，因此对桥梁、桁架、脚手架等结构和构件中的压杆要进行稳定性的计算和校核，避免由于压杆失稳造成的稳定性事故的发生。

## 思考与练习

1. 细长压杆的长度增加 1 倍，在其他条件不变时临界应力有什么变化？

2. 圆形截面的细长杆，当直径增加 1 倍时，其他条件不变，临界应力有什么变化？

3. 为什么土木工程中的柱子，其截面通常为圆形或方形？

# 项目六 平面体系的几何组成分析

## 任务1 几何不变体系的简单组成规则

### 1.1 概述

杆件结构是由若干杆件相互连接而组成的体系,但组成的不合理体系是不能成为结构的,只有组成的体系为几何不变的体系方可作为结构。

在几何不变体系里,在任意荷载作用下,若不考虑材料的变形,则体系的几何形状与位置保持不变,如图6.1(a)所示;在几何可变体系里,在任意荷载作用下,虽不考虑材料的变形,但其几何形状与位置均不能保持不变,如图6.1(b)所示钢结构工程施工阶段设计的主要内容包括施工阶段的结构分析与验算、结构预变形设计、临时支撑结构和施工措施设计、施工详图设计等。

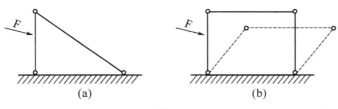

**图6.1**

把判别体系是否几何可变这项工作称为体系的几何机动分析,或称为几何构造分析。

在几何机动分析中,由于不考虑材料的变形,因此可以把一根杆件或已知是几何不变的一部分体系看成一个刚体。

在平面体系中又将刚体称为刚片。

工程中的结构必须是几何不变体系,才能承受荷载、传递荷载。

### 1.2 平面体系的计算自由度

（1）自由度

为判定体系的几何可变性,有时要先计算它的自由度。

物体的自由度:物体运动时独立变化的几何参数的数目称为物体的自由度。也可理解为确定物体位置所需的独立坐标数,即:

物体的自由度＝物体运动的独立参数

＝确定物体位置所需的独立坐标数

平面上的一个点，若它的位置用坐标 $x_A$ 和 $y_A$ 完全可以确定，则它的自由度等于2，如图 6.2(a)所示。平面上的一刚片，若它的位置用 $x_A$、$y_A$ 和 $\varphi_A$ 完全可以确定，则它的自由度等于3，如图 6.2(b)所示。

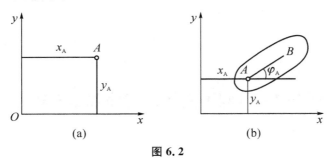

图 6.2

（2）联系

体系也有自由度，加入限制其运动的装置可使自由度减少，那么，减少自由度的装置就称为联系。

能减少一个自由度的装置称为一个联系或一个约束，常用的联系有链杆和铰。

①链杆：一个刚片有 3 个自由度，加上了一个链杆则变为 2，减少的一个自由度就称链杆为一个联系或一个约束，如图 6.3(a)所示。

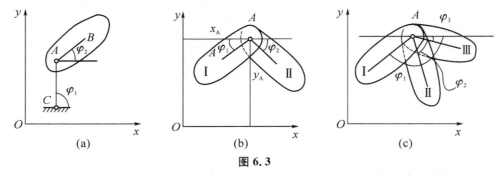

图 6.3

②铰：两个刚片用一个铰连接可减少两个自由度，那么连接两个刚片的铰称为单铰，相当于两个联系，如图 6.3(b)所示。连接两个以上刚片的铰称为复铰($n>2$)，相当于($n-1$)个单铰，或 $2\times(n-1)$ 个联系，如图 6.3(c)所示。

（3）体系的计算自由度

体系的计算自由度为组成体系各刚片自由度之和减去体系中联系的数目。设体系的计算自由度为 $w$，体系的单铰数为 $h$，支座链杆数为 $r$，体系的刚片数为 $m$，则有：

$$w = 3m - (2h + r) \tag{6.1}$$

**例 6.1**　求如图 6.4 所示的体系的计算自由度。

**解**：体系刚片数

$m=7$，单铰数 $h=9$，支座链杆数 $r=4$（其中固定端支座相当于 3 个链杆），则有：

$$w = 3 \times 7 - (2 \times 9 + 4) = -1$$

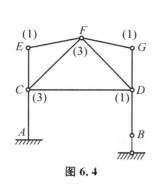

图 6.4

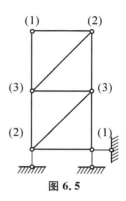

图 6.5

**例 6.2**　求如图 6.5 所示的体系的计算自由度 $w$。

**解**：体系刚片数 $m=9$，单铰数 $h=12$，支座链杆数 $r=3$，则有：

$$w = 3 \times 9 - (2 \times 12 + 3) = 0$$

如图 6.5 所示这种完全由两端铰结的杆件所组成的体系，称为铰结链杆体系。

其自由度除可用式(6.1)计算外，还可用下面的简便公式来计算。设体系的结点数为 $j$，杆件数为 $b$，支座链杆数为 $r$，则体系的计算自由度 $w$ 为：

$$w = 2j - (b + r) \tag{6.2}$$

对于例 6.2，如按式(6.2)计算，则有：

$$w = 2 \times 6 - (9 + 3) = 0$$

（4）平面体系的计算自由度结果分析

上面讨论了平面体系的计算自由度 $w$ 的计算方法，那么，计算自由度 $w=0$ 或 $w<0$ 是否一定表明平面体系几何不变？平面体系的计算自由度 $w$ 与体系可变性是什么关系？下面结合图 6.6 来说明这两个问题。

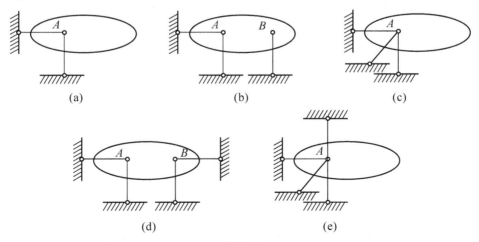

图 6.6

在图 6.6(a) 中，$w=1>0$，体系是几何可变的；

在图 6.6(b) 中，$w=0$，体系是几何不变的，且无多余联系；

在图 6.6(c) 中，虽然 $w=0$，但体系却是几何可变的，有一个多余联系（刚片体系上的 $A$ 点用两个支座链杆和地基相连就可以了，另一个就是多余的）；

在图 6.6(d) 中，$w=-1<0$，体系是几何不变的，且有一个多余联系；

在图 6.6(e) 中，虽然 $w=-1<0$，但体系却是几何可变的，且有两个多余联系。

以上分析可推广到一般情况即平面体系的计算自由度 $w$ 与体系的可变性的关系有如下三种结论：

① 当 $w>0$ 时，表明体系缺少足够的联系，因此可以肯定体系是几何可变的。

② 当 $w=0$ 时，表明体系具有成为几何不变所需的最少联系数目。

③ 当 $w<0$ 时，表明体系具有成为几何不变所需的联系，并有多余联系。

由上述可知，体系成为几何不变需要满足 $w\leqslant0$ 的条件，此条件也是体系成为几何不变的必要条件。

根据前面所讲，计算自由度是相对于地球而言，工程中常先考虑体系本身（或称体系内部）的几何不变性。当不考虑体系与地球相联的问题，仅考虑体系本身的几何不变性时，其成为几何不变的必要条件变为 $w\leqslant3$。

这里还要说明一点，体系的计算自由度和体系的实际自由度是不同的，这是因为实际中每一个联系不一定能使体系减少一个自由度，这与联系的具体布置有关。如图 6.6(c) 所示，虽然 $w=0$，但其实际自由度为 1。从以上分析可知判断体系几何不变性的必要条件，而其充分条件将在几何不变体系的组成规则中给出。

### 1.3　几何不变体系的简单组成规则

（1）三刚片规则

三个刚片用不在同一直线上的三个单铰两两连接，组成的体系是几何不变的，且无多余联系。

如图 6.7 所示，铰结三角形的每个杆件都可看成一个刚片。若刚片 Ⅰ 不动（看成地基），暂把铰 $C$ 拆开，则刚片 Ⅱ 只能绕铰 $A$ 转动，$C$ 点只能在以 $A$ 为圆心、以 $AC$ 为半径的圆弧上运动；刚片 Ⅲ 只能绕 $B$ 转动，其上的 $C$ 点只能在以 $B$ 为圆心、以 $BC$ 为半径的圆弧上运动。但由于 $C$ 点实际上用铰连接，故 $C$ 点不能同时发生两个方向上的运动，它只能在交点处固定不动。

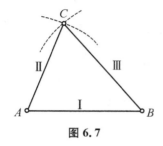

图 6.7

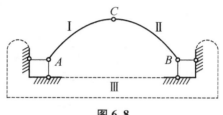

图 6.8

如图 6.8 所示，将三铰拱的地基看成刚片 Ⅲ，左、右两半拱可看作刚片 Ⅰ、Ⅱ。此体系是由三个刚片用不在同一直线上的三个单铰 $A$、$B$、$C$ 两两相连组成的几何不变体系,而且没有多余联系。

(2)二元体规则

①定义:两根不在同一直线上的链杆连接成一个新结点的装置称为二元体。

②规则:在体系上增加或减少二元体,不会改变原体系的几何构造性质。

如图 6.9 所示,在刚片上增加二元体,原刚片为几何不变体系,增加二元体后体系仍为几何不变体系。

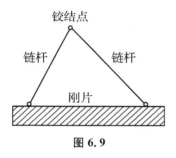

图 6.9

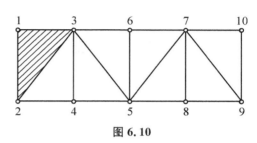

图 6.10

用二元体规则分析如图 6.10 所示的桁架,可任选一铰接三角形,然后再连续增加二元体而得到桁架,故知它是几何不变体系,而且没有多余联系。此桁架亦可用拆除二元体的方法来分析,可知从桁架的一端拆去二元体,其最后会剩下一个铰接三角形,因铰接三角形为几何不变体系,故可判定该桁架为几何不变体系,而且没有多余联系。

(3)两刚片规则

规则一:两刚片用一个铰和一根不通过此铰的链杆相连,为几何不变体系,且无多余联系。

如图 6.11 所示,该体系显然将链杆看成刚片,则该体系满足三刚片规则,为几何不变体系且无多余联系。因此,两刚片规则一成立可证。

规则二:两刚片用三根既不完全平行又不完全汇交于一点的链杆相连,为几何不变体系,且无多余联系。

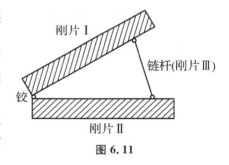

图 6.11

为分析两刚片用三根链杆相连的情况,先来讨论两刚片之间用两根链杆相连时的运动情况。

如图 6.12(a)所示,假设刚片Ⅰ不动、刚片Ⅱ运动时,链杆 $AB$ 将绕 $A$ 点转动,因而刚片Ⅱ上的 $B$ 点将沿与 $AB$ 杆垂直的方向运动;同理,刚片Ⅱ上的 $D$ 点将沿与 $CD$ 杆垂直的方向运动;而整个刚片Ⅱ将绕 $AB$ 与 $CD$ 两杆延长线的交点 $O$ 转动,$O$ 点称为刚片Ⅰ和Ⅱ的相对转动瞬心,此情形相当于将刚片Ⅰ和刚片Ⅱ在 $O$ 点用一个铰相连。因此,连接两个刚片的两根链杆的作用相当于在其交点处的一个单铰,但这个铰的位置是随着链杆的转动而改变的,因此这种铰称为虚铰。

如图 6.12(b)所示为两个刚片用三根既不完全平行也不完全汇交于一点的链杆相连的情况。此时,可把链杆 $AB$、$CD$ 看作是在其交点 $O$ 处的一个铰。因此,两刚片相当于用

铰 $O$ 和链杆 $EF$ 相连,而铰与链杆不在同一直线上,故为几何不变体系,且无多余联系。因此两刚片规则二成立可证。

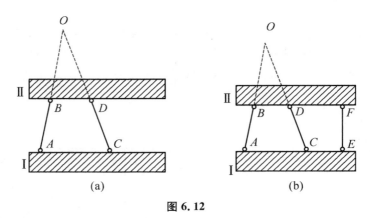

(a)　　　　　　　　　　　　(b)

图 6.12

# 任务 2　瞬变体系

若一个体系原来为几何可变体系,但经微小位移后即转变为几何不变体系,则该体系称为瞬变体系。瞬变体系也是几何可变体系。为区别起见,又可将经微小位移后仍能继续发生刚体运动的体系称为常变体系。

如图 6.13 所示,某体系的三个铰共线,若刚片Ⅲ不动,刚片Ⅰ和Ⅱ刚片分别绕铰 $A$ 和 $B$ 转动时,$C$ 点在瞬间可沿公切线方向移动,因而是几何可变体系;当 $C$ 点有了微小移动后,连接刚片的三个铰就不在同一条直线上了,成为几何不变体系,所以该体系为几何瞬变体系。

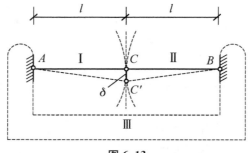

图 6.13

下面我们来讨论瞬变体系能否用于工程这个问题。由平衡条件可知,如图 6.14 所示的瞬变体系的 $AC$ 杆和 $BC$ 杆的轴力为:

$$F_N = \frac{F}{2\sin\theta}$$

当 $\theta \to 0$ 时,$F_N \to \infty$,故瞬变体系即使在很小的荷载作用下也可以产生巨大的内力。

因此,工程结构中不能采用瞬变体系,且接近于瞬变的体系也应避免。

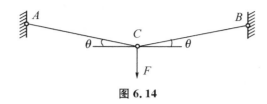

图 6.14

瞬变体系有以下几个组成规则:

①三个刚片用共线的三个单铰两两相连为瞬变体系;

②两刚片用完全汇交于一点的三个(或多于三个)链杆相连(但未能组成实铰)为瞬变体系(图 6.15(a));

③两刚片用完全平行但不等长的三个(或多于三个)链杆相连为瞬变体系(图 6.15(b))。

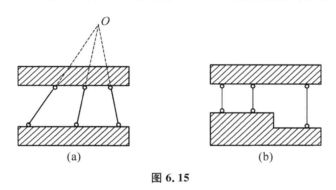

(a)　　　　　　　　　(b)

图 6.15

## 任务 3　机动分析举例

对体系进行机动分析时,可按下列步骤进行:①先计算体系的自由度,检查体系是否具备足够的联系。若 $w > 0$,可判定体系为几何可变体系,且为常变体系;若 $w \leqslant 0$(或只考虑体系本身 $w \leqslant 3$),此时具备几何不变体系的必要条件,但缺少充分条件,需用几何组成规则进一步分析,确定体系是否几何不变。对简单体系也可直接用几何组成规则进行分析,而不必计算自由度。②分析时,应尽可能将复杂问题转化为简单问题,亦称简化体系。宜将能直接看出为几何不变的部分当作刚片,使体系简化。若体系中有二元体,亦可先采用加减二元体方法使体系简化;若体系和地基用简支相连,可先去掉地基使体系简化;若能用简单组成规则使刚片扩大,亦可采用扩大刚片法使体系简化,最终使体系简化为两刚片或三刚片,再根据组成规则判定体系的几何不变性。

**例 6.3**　试对如图 6.16 所示体系进行几何组成分析。

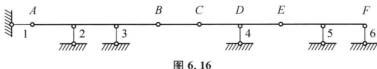

图 6.16

**解**：首先将地基看成刚片，再将 $AB$ 看成刚片，$AB$ 和地基之间用 1、2、3 号链杆相连，这三根链杆既不完全平行，也不完全汇交于一点，满足两刚片组成规则。因此可将 $AB$ 与地基合成一个大刚片，接下来可将 $CE$ 和 $EF$ 各看成一个刚片，其中 $CE$ 刚片通过 $BC$ 杆及 4 号链杆与大刚片（地基与 $AB$ 组成的刚片）相连且组成虚铰 $D$，$EF$ 刚片则与大刚片通过 5、6 号链杆相连，其组成的虚铰在无穷远处，而 $CE$ 与 $EF$ 两刚片通过铰 $E$ 相连，三刚片三个铰两两相连，且三个铰不在同一条直线上，整个体系几何不变且无多余联系。

**例 6.4** 试对如图 6.17(a) 所示体系进行几何组成分析。

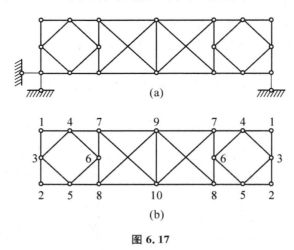

图 6.17

**解**：此桁架和地基简支相连，可去掉地基，仅需分析体系本身的几何不变性即可。对于体系本身（图 6.17(b)）分析时，可从左右两边依次去二元体，最后剩下刚片 7、8、9、10、7、8 组成的刚片，当拆二元体到结点 6 时，即发现两链杆在一条直线上，故知体系是瞬变的。

**例 6.5** 试分析如图 6.18 所示体系的几何组成。

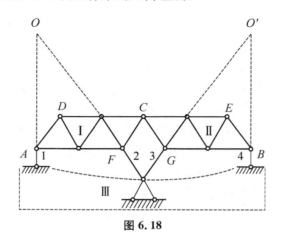

图 6.18

**解**：在基本铰接三角形上增加二元体可得平行四边形 $ADCF$ 和平行四边形 $BECG$，且两部分都是几何不变的，可视为刚片Ⅰ、Ⅱ，地基可看作刚片Ⅲ，刚片Ⅰ、Ⅲ之间有杆 1、2

相连的组成虚铰 $O$;刚片Ⅱ、Ⅲ之间有杆3、4相连组成的虚铰 $O'$;Ⅰ、Ⅱ刚片则用铰 $C$ 相连。$O$、$O'$、$C$ 三铰的不共线,依据三刚片组成规则,此桁架为几何不变体系且无多余联系。

**例 6.6**　试对如图6.19所示体系进行几何组成分析。

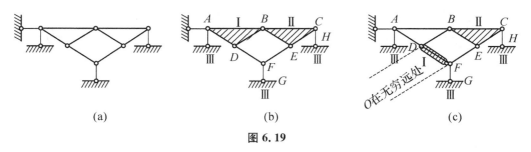

图 6.19

**解**:首先,计算自由度,依据式(6.2)有:$w=2j-(b+r)=2×6-(8+4)=0$ 由 $w=0$ 可知该体系具有几何不变的必要条件,但需进一步按组成规则判定。此体系与地基不是简支因而不能去掉地基,也无二元体可去,可试用三刚片规则来分析。先将地基作为刚片Ⅲ,△$ABD$ 和△$BCE$ 作为刚片Ⅰ和Ⅱ,如图6.19(b)所示。

由分析可知,刚片Ⅰ和Ⅲ、Ⅰ和Ⅱ之间都有铰相连,而刚片Ⅱ和Ⅲ之间只有链杆 $CH$ 相连,此外杆件 $DF$、$EF$ 没有用上,显然不符合规则,分析无法进行下去,因此,需另选刚片。地基仍作为刚片Ⅲ,铰 $A$ 处的两根链杆可看作是地基上增加的二元体,因而同属于地基刚片Ⅲ。于是,刚片Ⅲ上一共有 $AB$、$AD$、$FG$ 和 $CH$ 四根链杆连接,它们应该两两分别连到另外两刚片上。这样,可找出相应的杆件 $DF$ 和△$BCE$ 分别作为刚片,如图6.19(c)所示。具体分析如下:

刚片Ⅰ、Ⅲ————用链杆 $AD$、$FG$ 相连,组成虚铰在 $F$ 点;

刚片Ⅱ、Ⅲ————用链杆 $AB$、$CH$ 相连,组成虚铰在 $C$ 点;

刚片Ⅰ、Ⅱ————用链杆 $BD$、$EF$ 相连,且两杆平行,组成虚铰 $O$ 在两杆延长线的无穷远处。由于虚铰 $O$ 在 $EF$ 的延长线上,故 $C$、$F$、$O$ 三铰在同一直线上,因此该体系为瞬变体系。

## 任务4　几何构造与静定性的关系

如图6.20(a)所示的简支梁是静定结构,由静力平衡条件可知,以梁 $AB$ 为研究对象,未知反力数是3个,而独立的平衡方程数恰好也是3个,未知力数等于静力平衡方程数,未知力完全可以由平衡方程解出。而从几何组成分析可知,该静定结构的几何构造特征是几何不变且无多余联系。此结论完全可以推广到一般静定结构,即静定结构的几何构造特征是几何不变且无多余联系。

如图6.20(b)所示是超静定结构,因为未知力数是4个,独立静力平衡方程数是3个,未知力数大于静力平衡方程数,因此,未知力由静力平衡方程不能完全求解。而从几何组成分析可知,该超静定结构的几何构造特征是几何不变且有多余联系(该体系有1个多余联系)。此结论也完全可以推广到一般超静定结构,即超静定结构的几何构造特征是几何不变且有多余联系。

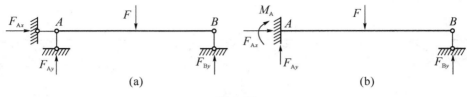

(a) (b)

图 6. 20

**思考与练习** ◄·

1. 对图 6.21 所示进行几何组成分析。

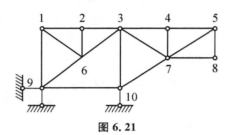

图 6. 21

2. 对图 6.22 所示进行几何组成分析。

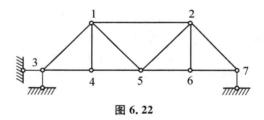

图 6. 22

3. 对图 6.23 所示进行几何组成分析。

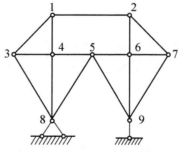

图 6. 23

4. 对图 6.24 所示进行几何组成分析。

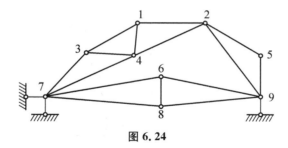

图 6.24

5. 对图 6.25 所示进行几何组成分析。

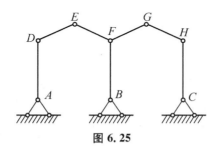

图 6.25

6. 对图 6.26 所示进行几何组成分析。

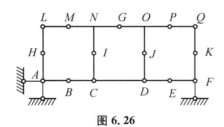

图 6.26

7. 对图 6.27 所示进行几何组成分析。

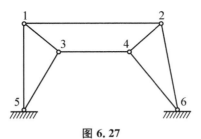

图 6.27

8. 对图 6.28 所示进行几何组成分析。

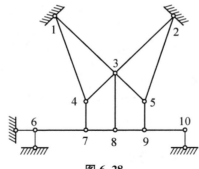

**图 6.28**

9. 对图 6.29 所示进行几何组成分析。

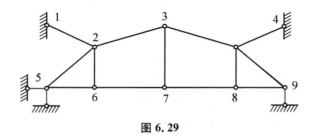

**图 6.29**

10. 对图 6.30 所示进行几何组成分析。

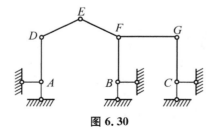

**图 6.30**

# 项目七　静定结构的内力分析

## 任务 1　静定梁

### 1.1　静力平衡

对于静定结构,用静力平衡条件可以求出其全部反力和内力;而对于求解超静定结构,也必须用到平衡。因此可以说掌握静力平衡问题,是我们继续学习的关键。

（1）利用静力平衡求解支座反力

有两种体系的平衡问题是我们必须掌握的,即带有附属部分体系和三铰刚架体系。

①带有附属部分体系:这种体系在几何组成上可以分为基本部分和附属部分。基本部分:在竖向荷载作用下能独立保持平衡的部分。附属部分:在竖向荷载作用下不能独立保持平衡,需要依靠基本部分才能保持平衡的部分。这类体系的解题思路是先附属,后基本。

②铰刚架体系:这类体系在几何组成上分不出基本部分和附属部分。其典型形式或称标准形式为三个铰连接而成的刚架。这类体系的解题思路是先整体,后分部。

**例 7.1**　试求如图 7.1(a)所示刚架 $A$、$D$、$E$ 处的支座约束反力。

**解**:$CE$ 部分为附属部分,$ABD$ 部分为基本部分,且 $ABD$ 是三铰刚架类体系。有附属部分体系,解题时应先附属后基本,对基本部分解题时因其为三铰刚架类体系,应先整体研究再分部研究。

①选择 $CE$ 为研究对象,如图 7.1(b)所示。

由 $\sum M_C = 0$,得:

$$F_{Ey} \cdot a - \frac{qa^2}{2} = 0 \quad F_{Ey} = \frac{qa}{2}(\uparrow)$$

由 $\sum F_x = 0$,得:

$$F_{Cx} - qa = 0 \quad F_{Cx} = qa(\rightarrow)$$

由 $\sum F_y = 0$,得:

$$F_{Cy} + \frac{qa}{2} - qa = 0 \quad F_{Cy} = \frac{qa}{2}(\uparrow)$$

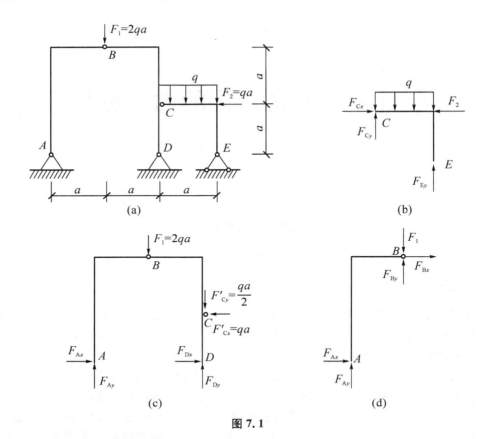

**图 7.1**

②选择 $ABD$ 为研究对象,如图 7.1(c)所示。

a. 先取整体,即取 $ABD$ 整体研究。

由 $\sum M_A = 0$,得:

$$F_{Dy} \cdot 2a - 2qa^2 - \frac{qa}{2} \cdot 2a + qa^2 = 0 \quad F_{Dy} = qa(\uparrow)$$

由 $\sum M_D = 0$,得:

$$F_{Ay} \cdot 2a - 2qa^2 - qa^2 = 0 \quad F_{Ay} = \frac{3}{2}qa(\uparrow)$$

b. 后分部,即取 $AB$ 为研究对象,如图 7.1(d)所示。

由 $\sum M_B = 0$,得:

$$F_{Ax} \cdot 2a - \frac{3qa^2}{2} = 0 \quad F_{Ax} = \frac{3qa}{4}(\rightarrow)$$

c. 再取三铰钢架为整体,即 $ABD$ 为研究对象,如图 7.1(c)所示。

由 $\sum F_x = 0$,得:

$$F_{Dx} + \frac{3qa}{4} - qa = 0 \quad F_{Dx} = \frac{qa}{4}(\rightarrow)$$

（2）利用静力平衡求解杆件内力

平面结构在任意荷载作用下，其杆件横截面上一般有三种内力，即轴力 $F_N$、剪力 $F_S$ 和弯矩 $M$，如图7.2所示。

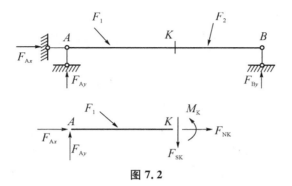

**图 7.2**

计算截面内力的基本方法是截面法，即将结构沿拟求内力的截面截开，选取截面任意一侧的部分为研究对象（取隔离体），去掉部分对留下部分的作用，用内力来代替，然后利用平衡条件可求得截面内力。

截面法中，可根据平衡推出用外力计算内力分量的简便方法。

①弯矩：等于截面一侧所有外力对截面形心力矩的代数和。

②剪力：等于截面一侧所有外力沿截面方向的投影代数和。

③轴力：等于截面一侧所有外力沿截面法线方向的投影代数和。

**例 7.2**　求如图7.3所示刚架 $m-m$、$n-n$ 截面内力。

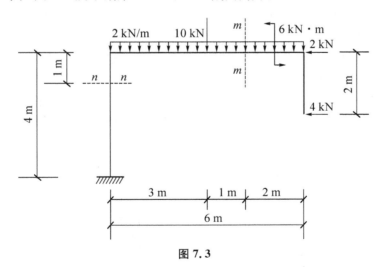

**图 7.3**

**解**：①求 $m-m$ 截面内力

假想在 $m-m$ 截面截开，为研究问题方便取截面右侧部分为研究对象，则有：

$$M_m = -4 \times 2 + 6 - 2 \times 2 \times 1 = -8 + 6 - 4 = -6 (\mathrm{kN \cdot m}) (拉上侧)$$

$$F_{Sm} = 2 \times 2 = 4 (\mathrm{kN}) (顺时针)$$

$$F_{Sn} = -4 - 2 = -6 (\mathrm{kN}) (压力)$$

②求 $n-n$ 截面内力

假想在 $n-n$ 截面截开,为研究问题方便取截面上侧部分为研究对象(对于弯矩设拉内侧为正),则有:

$$M_n = -4 \times 1 + 2 \times 1 - 10 \times 3 - 2 \times 6 \times 3 + 6 = -62 (\mathrm{kN \cdot m}) (拉外侧)$$

$$F_{Sn} = -4 - 2 = -6 (\mathrm{kN}) (逆时针)$$

计算 $n-n$ 截面剪力时,集中力 2 kN、4 kN 在截面方向上有投影,其中 4 kN 这一集中力,因其作用线的位置在截面的下部,对其产生的剪力正负号判断时,可将该力平行上移到截面的上侧位置(根据力的平移定理,会产生附加力偶矩,但此力偶矩对截面剪力无影响),然后再看该外力是否绕截面顺时针转动,即可确定正负号。

$$F_N = -10 - 2 \times 6 = -22 (\mathrm{kN}) (压力)$$

### 1.2　静定梁

#### (1) 内力图

一般梁中内力有三种,即弯矩、剪力和轴力。对于直梁,当所有外力都垂直于梁轴线时,横截面上只有剪力和弯矩,没有轴力。

内力图:表示结构上各截面内力数值的图形称为内力图。内力图通常用平行于杆轴线的坐标表示截面的位置,此坐标通常称为基线,而用垂直于杆轴线的坐标(又称竖标)表示内力的数值并绘出。

绘制内力图的基本方法是先分段写出内力方程,然后根据方程作出内力函数的图像。

#### (2) 利用微分关系作内力图

在受横向分布荷载 $q(x)$ 作用的直杆段上截取微段,为和数学作图相符,建立如图 7.4 所示坐标,可得出荷载集度 $q(x)$ 与剪力 $F_S(x)$、弯矩 $M(x)$ 的微分关系(利用微段的平衡,略去高阶小量,可证明):

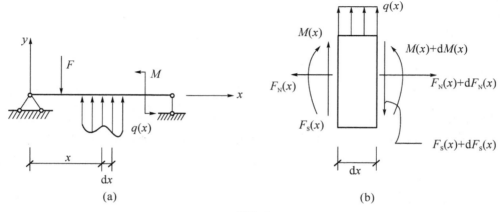

(a)　　　　　　　　　　(b)

**图 7.4**

$$
\left.\begin{array}{r}
\dfrac{\mathrm{d}M(x)}{\mathrm{d}x}=F_{\mathrm{s}}(x) \\[2mm]
\dfrac{\mathrm{d}F_{\mathrm{s}}(x)}{\mathrm{d}x}=q(x) \\[2mm]
\dfrac{\mathrm{d}^2M(x)}{\mathrm{d}x^2}=q(x)
\end{array}\right\}
\qquad (7.1)
$$

式(7.1)具有明显的几何意义：剪力图在某点的切线斜率等于该点的荷载集度，若在某区荷载集度为正，则此区间剪力图递增；弯矩图在某点的切线斜率等于该点的剪力，若在某区间剪力为正，则此区间弯矩图递增；弯矩图在某点的曲率等于该点的荷载集度，根据某区间荷载集度的正、负可判断弯矩曲线的凹凸性。

关于内力曲线凹凸性的判断，数学中有个雨伞法则：

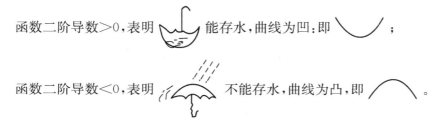

函数二阶导数>0，表明　　　能存水，曲线为凹，即　　　；

函数二阶导数<0，表明　　　不能存水，曲线为凸，即　　　。

由于工程中习惯将弯矩图画在杆件的受拉一侧，这样梁的弯矩图竖标人为地翻下来，以向下为正。为方便记忆，经研究发现弯矩曲线的凸向与 $q$ 的指向相同。利用微分关系作内力图，总是要将梁分成若干段，一段一段地画。梁的分段点为集中力、集中力偶作用点，以及分布荷载的起、终点。

分段以后每一段为一个区间。每个区间上荷载集度的分布情况，常遇到的有两种：一种是 $q=0$（无荷段），另一种是 $q=$ 常数（方向向下）。下面给出直梁内力图的形状特征。详见表 7.1。

**表 7.1　直梁内力图的形状特征**

| 梁上情况 | 无横向外力区段 $(q=0)$ | 横向均布力 $q$ 作用区段 $(q=$ 常数$)$ | | 横向集中力 $F$ 作用处 | | 集中力偶 $M$ 作用处 | 铰处 |
|---|---|---|---|---|---|---|---|
| 剪力图 | 水平线 | 斜直线 | 为零处 | 有突变（突变值$=F$） | 如变号 | 无变化 | 无影响 |
| 弯矩图 | 一般为斜直线 | 抛物线（凸出方向同 $q$ 指向） | 有极值 | 有尖角（尖角指向同 $F$ 指向） | 有极值 | 有突变（突变值$=M$） | 为零 |

### 1.3　叠加法作弯矩图

当梁受到多个荷载作用时，可以先分别画出各个荷载单独作用时的弯矩图，然后将各图形相应的竖标值叠加起来，即可得到原有荷载共同作用下的弯矩图，这就是叠加法作弯矩图。利用叠加法作弯矩图是结构力学中常用的一种简便方法。它利用叠加原理，避免了列弯矩方程，从而使弯矩图的绘制得到简化。在绘制梁或其他结构较复杂的弯矩图时，经常采用区段叠加法。

区段叠加法：某梁段的弯矩图等于该梁段在杆端弯矩作用下并具有与梁段相同荷载作用的简支梁弯矩图。其具有普遍意义。

求如图 7.5(b)所示 $JK$ 梁段弯矩图,将 $JK$ 段取出画其受力图。用平衡条件可以证明,其受力等效于与该梁段同长,且其上作用与梁段相同荷载 $q$ 及在两支座上分别作用与 $JK$ 两端截面弯矩相同的力偶 $M_J$ 和 $M_K$ 的简支梁。由于受力相同,简支梁的弯矩图与梁段弯矩图将完全相同。有了区段叠加法后,任一区段的弯矩图均可先将两端弯矩绘出 $(M_J、M_K)$,连一条虚线,然后叠加一相应简支梁仅受外荷载的弯矩图。

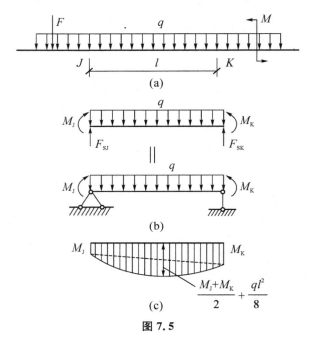

图 7.5

**例 7.3** 如图 7.6 所示简支梁,试作内力图。

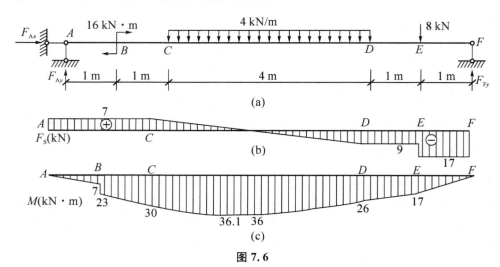

图 7.6

**解**:(1) 求支反力

由梁的整体平衡条件 $\sum M_A = 0$,利用叠加的思路求反力。$F_{Ay}$ 等于梁上各力在支座 $A$ 引起的反力分量叠加而成,取矩时凡力矩能在 $A$ 支座引起向上反力分量即为正号力矩,反之为负号。力矩之和除以跨度 $l$,即可得到 $F_{Ay}$:

$$F_{Ay} = \frac{8 \times 1 + 4 \times 4 \times 4 - 16}{8} = 7(\text{kN})(\uparrow)$$

同理,由 $\sum M_A = 0$ 得:

$$F_{Fy} = \frac{16 + 4 \times 4 \times 4 + 8 \times 7}{8} = 17(\text{kN})(\uparrow)$$

由 $\sum F_y = 0$(验算),有:$7 + 17 - 4 \times 4 - 8 = 0$

由 $\sum F_x = 0$,有:

$$F_{Ax} = 0$$

(2) 画剪力图

先分段,然后一段一段根据微分关系画出剪力图。本题中,$A$、$B$、$C$、$D$、$E$、$F$ 为各分段点(这些点为控制截面)。

①$AB$ 段:无荷段,剪力为常数,该段剪力图为水平线,取该段任意截面可求得 $F_S = 7$ kN。

②$BC$ 段:无荷段,剪力为常数,该段剪力图为水平线,取该段任意截面可求得 $F_S = 7$ kN(注意:集中力偶矩对剪力无影响)。

③$CD$ 段:均布荷载,方向向下,根据微分关系,$F_S$ 的一阶导数为 $q$,$q$ 为常数,可推知 $F_S$ 是一次函数,此段剪力图是斜直线。又因为 $q$ 向下指向,和坐标正向相反,即 $q < 0$,此区段剪力递减。只需求出 $F_{SC}$、$F_{SD}$,再连线即可。$F_{SC} = 7$ kN,$F_{SD} = 7 - 16 = -9$ kN。

④$DE$ 段:无荷段,$F_S = -9$ kN(水平线)。

⑤$EF$ 段:无荷段,$F_S = -17$ kN(水平线)。注意到有集中力作用的 $E$ 截面,剪力图有突变,突变的幅值为集中力大小。

(3) 画弯矩图(工程上习惯将弯矩画在杆件受拉侧,这样梁的弯矩坐标向下为正)

分段点及控制面同剪力图。

①$AB$ 段:因该段剪力为常数,由微分关系可知,该段弯矩图为 $x$ 的一次函数,即为斜直线,且该段剪力为正号,弯矩在此段应为递增斜直线,只需求出控制截面弯矩值连线即可。

由 $M_{AB} = 0$,得

$$M_{BA} = 7 \times 1 = 7(\text{kN} \cdot \text{m})$$

②$BC$ 段:微分关系同于 $AB$ 段,

$$M_{BC} = 7 \times 1 + 16 = 23(\text{kN} \cdot \text{m})$$
$$M_{CB} = 7 \times 2 + 16 = 30(\text{kN} \cdot \text{m})$$

注意到 $B$ 截面作用有集中力偶矩,弯矩图在此截面发生突变,突变幅值等于集中力偶矩的大小。

③$CD$ 段:由剪力为 $x$ 的一次函数,可知弯矩为 $x$ 的二次函数,曲线的凸向和 $q$ 的指向相同。可用区段叠加法作弯矩图。先求出控制截面 $M_C=30$ kN·m 和 $M_D=26$ kN·m,用虚线连接这两个截面弯矩值,在该段的中点加对应的简支梁作用均布载荷产生的弯矩:

$$\frac{ql^2}{8}=\frac{1}{8}\times4\times4^2=8(\text{kN}\cdot\text{m})$$

故该段中点的弯矩值为 36 kN·m,然后用光滑二次曲线连成该段的弯矩图。注意,区段承受均布荷载时,最大弯矩不一定在区段的中点处。由剪力为零不难求出本例的最大弯矩为 36.1 kN·m,与区段中点弯矩相差 0.28%。以后作承受均布荷载区段的弯矩图时,不一定要求最大弯矩,可通过区段中点的弯矩值来作弯矩图。

④$DE$ 段:由微分关系知该段弯矩图为斜直线,且该段剪力为负号,弯矩在此段应为递减。$M_D=26$ kN·m,$M_E=17\times1=17$(kN·m)(用截面右侧外力可求)连此直线。

⑤$EF$ 段:微分关系同 $DE$ 段,有:$M_E=17$ kN·m,$M_F=0$ 连此直线。

另外,$DE$ 和 $EF$ 两段也可合成一个区段,用区段叠加法作弯矩图。即将 $M_D=26$ kN·m、$M_F=0$ 以虚线连接,以该虚线为基线,叠加上简支梁作用跨中集中力 8 kN 的弯矩图。叠加后区段中点即 $D$ 截面弯矩正好等于 17 kN·m。值得注意的是 $C$、$D$ 两截面处无集中力作用,剪力在截面左右无突变,弯矩在截面左右斜率相同,即弯矩在 $C$、$D$ 两截面处曲线应是连续光滑的。

### 1.4 斜梁

房屋建筑中的楼梯,无论是板式楼梯还是梁式楼梯,其计算简图都是一简支斜梁。当斜梁承受竖向均布荷载时,按荷载分布情况的不同,可有两种表示方式:

一种如图 7.7(a)所示,作用于梁上的均布荷载 $q$ 按照水平方向分布的方式来表示,如楼梯受到的人群荷载以及屋面斜梁受到的雪荷载的情况就是这样;

另一种如图 7.7(b)所示,斜梁上的均布荷载 $q'$ 按照沿斜梁长度方向分布的方式来表示,如梁的自重就是这种情况。

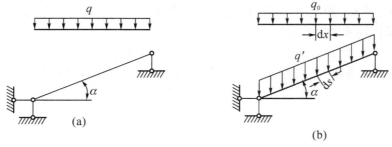

图 7.7

由于按水平距离计算内力更加方便,故常将沿斜梁长度方向分布的荷载等效转化为沿水平方向分布。用合力相同的等效原则有:

$$q_0 \, \mathrm{d}x = q' \mathrm{d}s$$

由于 $\mathrm{d}x = \mathrm{d}s \cos \alpha$，故：

$$q_0 = q' \frac{\mathrm{d}s}{\mathrm{d}x} = q' \frac{1}{\cos \alpha} = \frac{q'}{\cos \alpha}$$

下面讨论如图 7.8 所示简支斜梁 $AB$ 承受沿水平方向的均布荷载 $q$ 作用时的内力图作法。

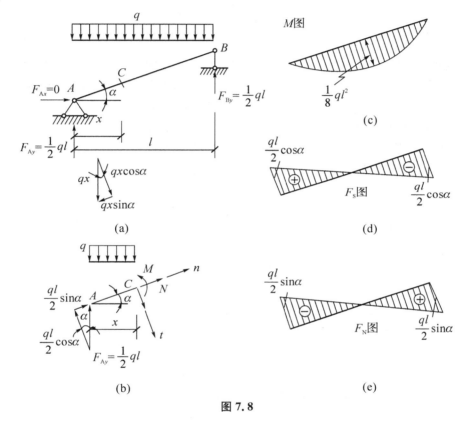

图 7.8

先求支反力。取 $AB$ 梁为研究对象，由平衡条件可得：

$$F_{Ax} = 0, F_{Ay} = F_{By} = \frac{ql}{2} (\uparrow)$$

任意截面 $x$ 的弯矩 $M(x)$ 为：

$$M(x) = F_{Ay} \cdot x - \frac{qx^2}{2} = \frac{qlx}{2} - \frac{qx^2}{2} (0 \leqslant x \leqslant l)$$

显然 $M$ 图为二次抛物线，跨中弯矩为 $\dfrac{ql^2}{8}$，如图 7.8(c) 所示，可以看出，斜梁在沿水平方向的竖向均布荷载作用下的弯矩图与相应的水平梁（荷载相同，水平跨度相同）的弯矩图，其对应截面的弯矩竖标是相同的。

求剪力和轴力时,将反力 $F_{Ay}$ 和荷载 $qx$ 沿杆件截面的切线方向($t$ 方向)和法线方向($n$ 方向)进行分解,然后求投影:

$$F_{Sx} = F_{Ay}\cos\alpha - qx\cos\alpha = q\left(\frac{l}{2} - x\right)\cos\alpha \quad (0 < x < l)$$

$$F_{Nx} = -F_{Ay}\sin\alpha + qx\sin\alpha = -q\left(\frac{l}{2} - x\right)\sin\alpha \quad (0 < x < l)$$

以上两式适用于梁的整个跨度,由此可绘出剪力图和轴力图,如图 7.8(d)、图 7.8(e)所示。

### 1.5 多跨静定梁

多跨静定梁是由若干根梁用铰连接而成,能跨越几个相连跨度的静定梁。桥梁上多采用这种结构形式,如图 7.9(a)所示为一用于房屋建筑的多跨静定梁,图 7.9(b)为其计算简图。如图 7.9(b)所示多跨静定梁,就其几何组成而言,是带有附属部分体系,$AB$ 是基本部分,$EF$ 在竖向荷载作用下仍能独立维持平衡,它也是基本部分,而悬跨 $CD$ 梁则需依靠基本部分才能保持平衡,故为附属部分。为清晰起见,它们之间的支承关系可用图 7.9(c)来表示,这种图称为层次图。

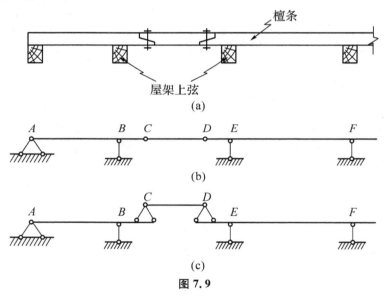

图 7.9

对于多跨静定梁,只要了解它的组成和传力次序,就不难进行计算。从层次图可以看出,基本部分的荷载作用不影响附属部分;而附属部分的荷载作用必然传至基本部分。因此,在计算多跨静定梁时,应先附属再基本,将附属部分的支座反力求出后反其方向加于基本部分,多跨静定梁即可拆成若干单跨梁,分别计算内力,然后将各单跨梁的内力图连在一起,即得多跨梁内力图。顺便指出,对于其他类型具有基本部分和附属部分的结构,其计算步骤原则上也是如此。

**例 7.4** 试作出如图 7.10(a)所示多跨静定梁的内力图。

**解**:作层次图,如图 7.10(b)所示,先计算附属部分 $CD$ 的反力,然后再反其方向加于

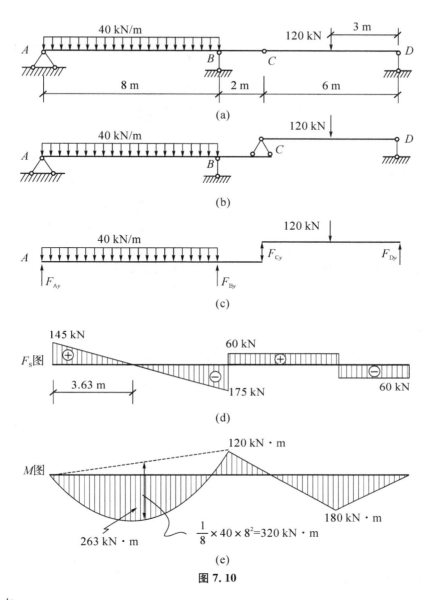

图 7.10

$AC$ 梁 $C$ 点。

（1）计算反力

如图 7.10(c)所示，由附属部分开始因集中荷作用在 $CD$ 段的中点，故有：

$$F_{Cy} = F_{Dy} = 60(kN)(\uparrow), F_{Cx} = 0$$

再由基本部分 $AC$ 梁的平衡可得：

$$F_{Ay} = 145(kN)$$

$$F_{By} = 235(kN)$$

$$F_{Ax} = 0$$

（2）作剪力图和弯矩图

分别绘制各单跨梁的剪力图和弯矩图，然后拼接在一起即为多跨静定梁的内力图，如图 7.10(d)、图 7.10(e)所示。

# 任务2 静定平面刚架

## 2.1 钢架概述

刚架：它是由若干根直杆组成，主要用刚结点连接而成的结构。

刚架在构造方面，具有杆件少、内部空间大、便于使用的特点；在受力方面，由于刚结点能承受和传递弯矩，从而使结构中弯矩的分布较均匀，峰值较小，节约材料，因此在建筑工程中得到广泛应用。实际工程中的刚架多为超静定刚架，静定刚架也有应用。常见的静定平面刚架有以下几种形式：悬臂刚架、简支刚架和三铰刚架，如图 7.11 所示。

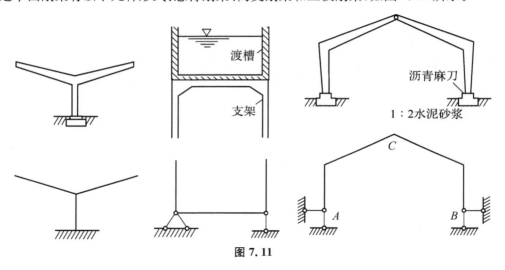

**图 7.11**

## 2.2 钢架内力分析

刚架内力计算方法，原则上与静定梁相同。通常先求反力，然后逐杆绘制内力图。弯矩画在杆件受拉一侧，不标注正负号；剪力和轴力可画在杆件的任一侧，但必须注明正负号。为明确不同截面的内力，在内力符号后面加两个脚标，如：$M_{AB}$ 表示 $AB$ 杆件 $A$ 端弯矩；$M_{BA}$ 表示 $AB$ 杆件 $B$ 端弯矩；$F_{SAB}$ 表示 $AB$ 杆件 $A$ 端剪力。刚架内力图绘制要点如下：

①作弯矩图：逐杆或逐段作弯矩图。

②作剪力图：作剪力图有以下两种方法。方法一：根据荷载和求出的反力逐杆或逐段计算两端截面剪力，按单跨静定梁方法画出剪力图。方法二：利用微分关系和平衡由弯矩图画出剪力图。

③作轴力图：根据荷载和已求出的反力计算各杆的轴力；或根据剪力图截取结点或其

他部分为隔离体,利用平衡亦可计算杆件轴力。

截取刚架的任何一部分为隔离体,对于正确的内力图,平衡条件必能满足。

**例 7.5**　试作如图 7.12 所示刚架的内力图。

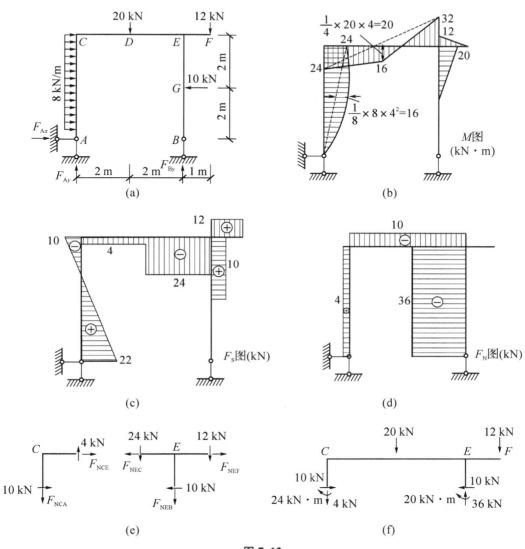

**图 7.12**

解:(1) 由 $\sum M_{\text{A}} = 0$ 有:

$$F_{\text{By}} = \frac{8 \times 4 \times 2 + 20 \times 2 + 12 \times 5 - 10 \times 2}{4}$$

$$= 16 + 10 + 15 - 5 = 36(\text{kN})(\uparrow)$$

验算:

$$\sum F_y = -20 - 12 + 36 - 4 = 0$$

满足。

（2）画弯矩图

先计算各杆段的杆端弯矩，然后绘图。

$AC$ 杆：

$$M_{AC} = 0$$

$$M_{CA} = 22 \times 4 - 8 \times 4 \times 2 = 24 (\text{kN} \cdot \text{m}) (\text{拉右侧})$$

用区段叠加法给出 $AC$ 杆段弯矩图，应用虚线连接杆端弯矩 $M_{AC}$ 和 $M_{CA}$，再叠加该杆段为简支梁在均布荷载作用下的弯矩图。

$CE$ 杆：

$$M_{CE} = 22 \times 4 - \frac{1}{2} \times 8 \times 4^2 = 24 (\text{kN} \cdot \text{m}) (\text{拉下侧})$$

$$M_{EC} = 12 \times 1 + 10 \times 2 = 32 (\text{kN} \cdot \text{m}) (\text{拉上侧})$$

用区段叠加法可绘出 $CE$ 杆的弯矩图。

$EF$ 杆：

$$M_{EF} = 12 \times 1 = 12 (\text{kN} \cdot \text{m}) (\text{拉上侧})$$

$$M_{FE} = 0$$

杆段中无荷载，$M_{EF}$ 和 $M_{FE}$ 用直线连接。

$BE$ 杆：可分为 $BG$ 和 $GE$ 两段计算，其中：

$M_{BG} = M_{GB} = 0$ 该段内弯矩为零。

$GE$ 段：

$$M_{GE} = 0$$

$$M_{EG} = 10 \times 2 = 20 (\text{kN} \cdot \text{m}) (\text{拉右侧})$$

杆段内无荷载，弯矩图为一斜直线。

对于 $BE$ 杆也可将其作为一个区段，先算出杆端弯矩 $M_{BE}$ 和 $M_{EB}$，然后用区段叠加法作出弯矩图. 刚架整体弯矩图如图 7.12(b) 所示。

（3）画剪力图

用截面法逐杆计算杆端剪力和杆内控制截面剪力，各杆按单跨静定梁画出剪力图。

$AC$ 杆：$F_{SAC} = 22 (\text{kN})$，$F_{SCA} = 22 - 8 \times 4 = -10 (\text{kN})$

$CE$ 杆（其中 $CD$ 段）：$F_{SCD} = F_{SDC} = -4 \text{ kN}$

$DE$ 段：$F_{SDE} = F_{SED} = -4 - 20 = -24 \text{ kN}$

$EF$ 杆：$F_{SEF} = F_{SFE} = 12 \text{ kN}$

$BE$ 杆（其中 $BG$ 段）：$F_{SBG} = F_{SGB} = 0$

$GE$ 段：$F_{SGE} = F_{SEG} = 10 \text{ kN}$

绘出刚架剪力图，如图 7.12(c) 所示。

（4）绘轴力图

用截面法选杆计算各杆轴力。

$AC$ 杆：$F_{NAC} = F_{NCA} = 4 \text{ kN}$（拉力）

$CE$ 杆：$F_{NCE} = F_{NEC} = 22 - 8 \times 4 = -10 \text{ kN}$（压力）

$EF$ 杆：$F_{NEF} = F_{NFE} = 0$

$BE$ 杆：$F_{NBE} = F_{NEB} = -36 \text{ kN}$（压力）

绘出刚架轴力图，如图 7.12(d)所示。轴力图也可以根据剪力图绘制。分别取结点 $C$、$E$ 为隔离体，如图 7.12(e)所示（图中未画出弯矩）。

结点 $C$：

$$\sum F_x = 0, F_{NCE} = -10(\text{kN})（压）$$

$$\sum F_y = 0, F_{NCA} = 4(\text{kN})（拉力）$$

结点 $E$：

$$\sum F_x = 0, F_{NEF} = -10 + 10 = 0$$

$$\sum F_y = 0, F_{NEB} = -24 - 12 = -36(\text{kN})（压）$$

（5）校核内力图

截取横梁 $CF$ 为隔离体，如图 7.12(f)所示。由

$$\sum M_C = 24 + 20 + 20 \times 2 + 12 \times 5 - 36 \times 4 = 0$$

$$\sum F_x = 10 - 10 = 0$$

$$\sum F_y = 36 - 4 - 20 - 12 = 0$$

可知满足平衡条件。

# 任务3　静定平面桁架及组合结构

## 3.1　桁架的概念

桁架是由若干直杆在其两端用铰连接而成的结构，常用于建筑工程中的屋架、桥梁及建筑施工用的支架等。如图 7.13 所示为轻型钢屋架。根据杆件所在位置的不同，桁架中的杆件可分为弦杆和腹杆两类。上部弦杆称为上弦杆，下部弦杆称为下弦杆，竖向腹杆称为竖杆，斜向腹杆称为斜杆，如图 7.13 所示。

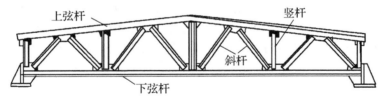

**图 7.13**

为了既便于计算，又能反映桁架的主要受力特征，通常对实际桁架的计算简图采用下列假定：

①各杆的轴线是直线；

②各杆在两端用光滑的理想铰相互连接；

③各杆的轴线通过铰的中心；

④全部荷载和支座反力都作用在铰结点上。

满足上述假定的桁架称为理想桁架。

静定平面桁架类型很多，根据不同特征，可作如下分类。

（1）桁架按外形分

平行弦桁架，如图 7.14(a)所示。折线形桁架，如图 7.14(b)所示。三角形桁架，如图 7.14(c)所示。梯形桁架，如图 7.14(d)所示。

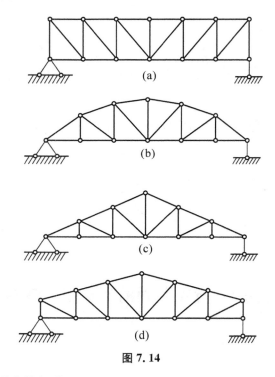

**图 7.14**

（2）桁架按整体受力特征分

梁式桁架，如图 7.14 所示（竖向荷载作用时支座无水平推力）。拱式桁架，如图 7.15(a)所示（竖向荷载作用时支座有水平推力）。

（3）按桁架几何组成分

简单桁架：由一基本三角形开始，依次增加二元体所组成的桁架，如图 7.14 所示。联合桁架：由几个简单桁架按几何不变体系组成规则组成的桁架，如图 7.15(a)、图 7.15(b)所示。复杂桁架：不按上述两种方法组成的其他静定桁架，如图 7.15(c)所示。

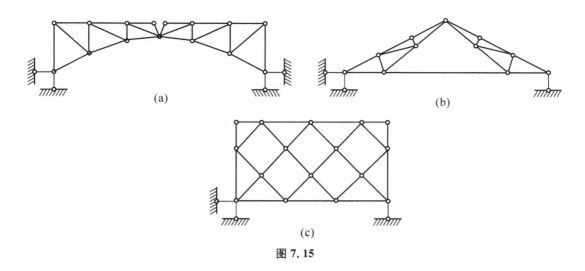

图 7.15

### 3.2　桁架的内力计算

（1）结点法

用结点法求解桁架内力（轴力）时，取桁架的结点为隔离体，利用结点的平衡条件求解杆件轴力。每一个结点组成一个平面汇交力系，具有两个独立的静力平衡方程，能求解两个未知数。实际计算时，需从未知力不超过两个的结点开始，依次推算。结点法适用于简单桁架的轴力计算。

为简便计算，在利用平衡条件求杆件轴力时，经常把斜杆的轴力 $F_N$ 正交分解为水平分力 $F_x$ 和竖向分力 $F_y$，如图 7.16 所示。设斜杆的长度为 $l$，杆件在水平和竖向的投影长度分别为 $l_x$、$l_y$，我们会发现力三角形和杆件三角形为相似三角形，所以有如下比例关系：

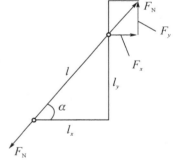

$$\frac{F_N}{l} = \frac{F_x}{l_x} = \frac{F_y}{l_y}$$

在桁架中，有一些特殊形状的结点，掌握这些特殊结点的平衡规律，可以更方便地计算杆件轴力。

图 7.16

①L 形结点：如图 7.17（a）所示，两杆汇交，当结点上无荷载时两杆轴力都为零（轴力为零的杆件称为零杆）。

②T 形结点：如图 7.17（b）所示，三杆汇交，其中两杆共线，当结点上无荷载时，第三杆为零杆，共线两杆轴力大小相等且拉压性质相同。

③X 形结点：如图 7.17（c）所示，四杆汇交，且两两共线，当结点上无荷载时，则共线两杆轴力大小相等且拉压性质相同。

④K 形结点：如图 7.17（d）、图 7.17（e）所示，四杆汇交，其中两杆共线，另外两杆在直线同侧且交角相等，当结点上无荷载时，若共线两杆轴力不等，则不共线两杆轴力大小相等，但拉压性质相反；若共线两杆轴力大小相等，拉压性质相同，则不共线两杆为零杆。

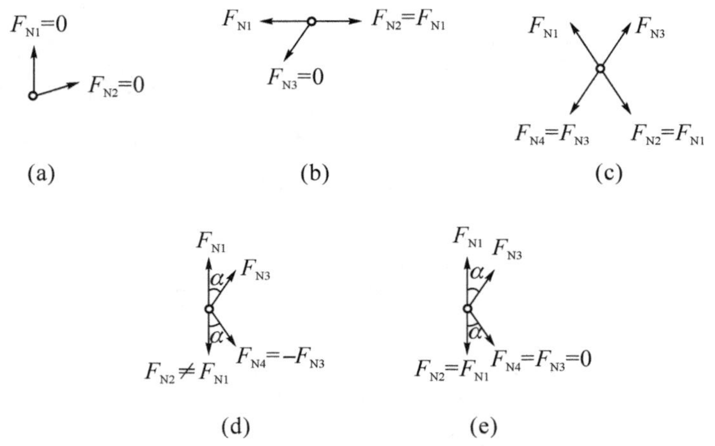

図 7.17

（2）截面法

用一适当的截面截取桁架的某一部分为隔离体（隔离体包含两个以上结点），利用平面一般力系的三个独立平衡方程来计算未知力的方法，称为截面法。

截面法通常用于计算联合桁架和求简单桁架中少数指定杆件的内力。

如图 7.18(a)所示联合桁架，计算杆件内力时，如用结点法会发现无论从哪个结点开始计算都含至少三个未知力，此时若采用截面法将桁架沿Ⅰ—Ⅰ截面截开，任取左或右部分均可，向 C 点取矩，可求出 $F_{NAB}$，接下去再用结点法求解就很容易了。又如图 7.18(b)所示联合桁架，可作图中所示环形截面，取中间部分为隔离体，先求连接杆 1、2、3 的内力，再计算两个铰接三角形各杆的内力。

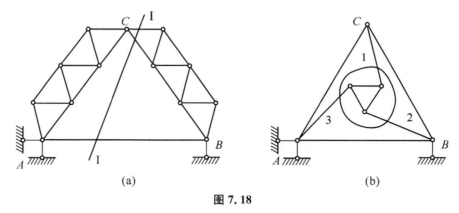

図 7.18

应用截面法应注意以下几点：

①选取适当截面，原则上隔离体中未知数不能超过 3 个，且尽量使一个方程仅含一个未知数。

②在应用力矩方程时，用力的分力取矩几何关系简单，对于斜杆一般将其内力正交分解再取矩。

③特殊情况下（截面单杆或结点单杆），如除一杆外其余各杆均平行（该杆称为截面单杆）或汇交于一点（该杆称为结点单杆），此杆内力可求，此时所选截面所截未知力数可以

超过 3 个。

### 3.3　静定组合结构

组合结构是由梁式杆件和链杆共同组成的结构。梁式杆件的内力为弯矩、剪力和轴力;而链杆的两端为铰接,其内力只有轴力。组合结构的计算步骤一般是:先计算轴力并将其作用于梁式杆件上,然后再计算梁式杆件的弯矩、剪力和轴力。

**例 7.6**　试计算如图 7.19(a)所示组合结构的内力。

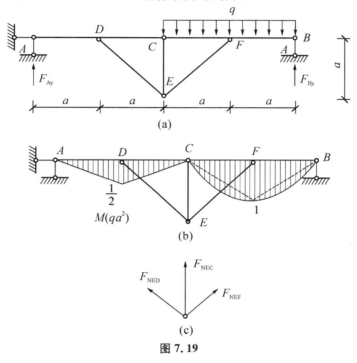

图 7.19

**解**:(1) 求反力

取整体为隔离体。由 $\sum M_{\mathrm{A}} = 0$ 得:

$$F_{\mathrm{By}} = \frac{q \times 2a \times 3a}{4a} = \frac{3qa}{2}(\uparrow)$$

由 $\sum M_{\mathrm{B}} = 0$ 得:

$$\sum F_y = \frac{3}{2}qa + \frac{qa}{2} - 2qa = 0$$

验算:

$$\sum F_y = \frac{3}{2}qa + \frac{qa}{2} - 2qa = 0$$

(2) 链杆内力。取 $ADC$ 为隔离体。

由 $\sum M_{\mathrm{C}} = 0$ 得:

$$F_{NDE} \times \frac{\sqrt{2}}{2} \times a - \frac{1}{2}qa \times 2a = 0$$

$$F_{NDE} = \sqrt{2}qa（拉）$$

再取结点 $E$，如图 7.19(c)所示。

$$F_{NED} \times \frac{\sqrt{2}}{2} - F_{NEF} \times \frac{\sqrt{2}}{2} = 0$$

由 $\sum F_x = 0$ 得：$F_{NED} = F_{NEF} = \sqrt{2}qa（拉）$

由 $\sum F_y = 0$ 得：

$$F_{NEC} + 2F_{NED} \times \frac{\sqrt{2}}{2} = 0$$

$$F_{NEC} = -2qa（压）$$

（3）作内力图

由支反力及链杆内力作用在梁式杆件上，可求梁的弯矩。

$$M_{FB} = \frac{3}{2}qa^2 - \frac{qa^2}{2} = qa^2（拉下侧）$$

$$M_{DA} = \frac{1}{2}qa^2（拉下侧）$$

按区段叠加法作弯矩图，如图 7.19(b)所示。

### 3.4　静定结构的特性

①静定结构具有静力解答的唯一性。
②非外力因素对静定结构的影响。
③平衡力系的作用。
上面性质可由静力解答的唯一性证明。这时将平衡力系作用部分视为静定结构，其余部分视为支座既可得到结论。
④静定结构上荷载的等效性。
⑤结构的等效替换。
⑥结构的内力特性。

**思考与练习** ◀·▸

1. 作出下列结构的弯矩图。

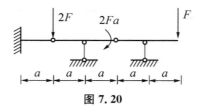

**图 7. 20**

2. 作出下列结构的弯矩图。

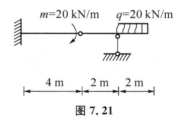

**图 7.21**

3. 作出下列结构的弯矩图。

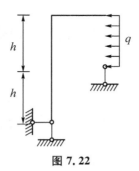

**图 7.22**

4. 计算图 7.23 所示桁架中杆 1,2 的内力。

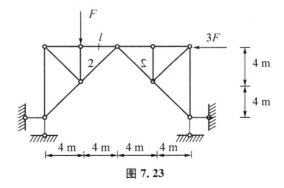

**图 7.23**

5. 计算图 7.24 所示桁架中杆 1 的内力。

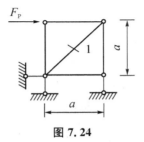

**图 7.24**

# 项目八　静定结构的位移计算

## 任务 1　结构位移的概念

### 1.1　结构位移

结构都是由变形材料制成的,当结构受到外部因素的作用时,它将产生变形和位移。

变形是指形状的改变。

位移是指某点位置或某截面位置和方位的移动。

如图 8.1(a)所示刚架,在荷载作用下发生如虚线所示的变形,使截面 $A$ 的形心从 $A$ 点移动到 $A'$ 点,线段 $AA'$ 称为 $A$ 点的线位移,记为 $\Delta_A$;也可以用水平线位移 $\Delta_{Ax}$ 和竖向线位移 $\Delta_{Ay}$ 两个分量来表示,如图 8.1(b)所示。同时截面 $A$ 还转动了一个角度,称为截面 $A$ 的角位移,用 $\varphi_A$ 表示。

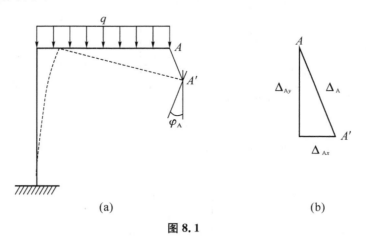

(a)　　　　　　　　　　　(b)

**图 8.1**

又如图 8.2 所示刚架,在荷载作用下发生如虚线所示变形,截面 $A$ 发生了角位移 $\theta_A$,同时截面 $B$ 发生了 $\theta_B$ 的角位移,这两个截面的方向相反的角位移之和称为截面 $A$、$B$ 的相对角位移,即 $\theta_{AB}=\theta_A+\theta_B$。同理,$C$、$D$ 两点的水平线位移分别为 $\Delta_C$、$\Delta_D$,这两个指向相反的水平位移之和称为 $C$、$D$ 两点的水平相对线位移,即 $\Delta_{CD}=\Delta_C+\Delta_D$。

除上述位移之外,静定结构由于支座沉降等因素作用,亦可使结构或杆件产生位移,但结构的各杆件并不产生内力,也不产生变形,故把这种位移称为刚体位移。

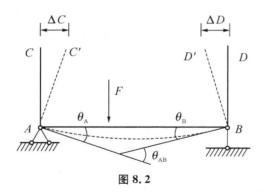

图 8.2

　　一般情况下,结构的线位移、角位移或者相对位移,与结构原来的几何尺寸相比都是极其微小的。

　　引起结构产生位移的主要因素有:荷载作用、温度改变、支座移动、杆件几何尺寸制造误差和材料收缩变形等。

### 1.2　结构位移计算的目的

　　(1)验算结构的刚度:结构在荷载作用下如果变形太大,即使不破坏也不能正常使用,即设计结构时,要计算结构的位移,应控制结构不能发生过大的变形,让结构位移不超过允许的限值。这一计算过程称为刚度验算。

　　(2)计算超静定:计算超静定结构的反力和内力时,由于静力平衡方程数目不够,需建立位移条件的补充方程,所以必须计算结构的位移。

　　(3)保证施工:在结构的施工过程中,应知道结构的位移,以确保施工安全和拼装就位。

　　(4)研究振动和稳定:在结构的动力计算和稳定计算中,也需要计算结构的位移,可见,结构的位移计算在工程上是具有重要意义的。

### 1.3　位移计算的有关假设

　　在求结构的位移时,为使计算简化,常采用如下假定:

　　(1)结构的材料服从胡克定律,即应力应变成线性关系。

　　(2)结构的变形很小,不致影响荷载的作用。在建立平衡方程时,仍然用结构原有几何尺寸进行计算;由于变形微小,应力应变与位移成线性关系。

　　(3)结构各部分之间为理想连接,不需要考虑摩擦阻力等影响。

　　对于实际的大多数工程结构,按照上述假定计算的结果具有足够的精确度。满足上述条件的理想化的体系,其位移与荷载之间为线性关系,常称为线性变形体系。当荷载全部去掉后,位移即全部消失。

　　对于此种体系,计算其位移可以应用叠加原理。

　　位移与荷载之间成非线性关系的体系称为非线性变形体系。

　　线性变形体系和非线性变形体系统称为变形体系。

　　本项目只讨论线性变形体系的位移计算。

# 任务2　变形体系的虚功原理

## 2.1　虚功和刚体系虚功原理

实功:若力在自身引起的位移上做功,所做的功称为实功。

虚功:若力在彼此无关的位移上做功,所做的功称为虚功。

虚功有两种情况:其一,在做功的力与位移中,有一个是虚设的,所做的功是虚功;其二,力与位移两者均是实际存在的,但彼此无关,所做的功也是虚功。

刚体系虚功原理:刚体系处于平衡的充分必要条件是,对于任何虚位移,所有外力所做虚功总和为零。所谓虚位移,是指约束条件所允许的任意微小位移。

## 2.2　变形体系虚功原理

变形体系虚功原理:变形体系处于平衡的充分必要条件是,对任何虚位移,外力在此虚位移上所做的虚功总和等于各微段上内力在微段虚变形位移上所做的虚功总和。

此微段内力所做的虚功总和在此称为变形虚功(也称内力虚功或虚应变能),用 $W_外 = W_变$ 或 $W = W_v$ 表示。接下去着重从物理概念上论证变形体系虚功原理的成立。

做虚功需要两个状态,一个是力状态,另一个是与力状态无关的位移状态。如图8.3(a)所示,一平面杆件结构在力系作用下处于平衡状态,此状态称为力状态。又如图8.3(b)所示,该结构由于别的原因而产生了位移,此状态称为位移状态。这里,位移可以是与力状态无关的其他任何原因(例如另一组力系、温度变化、支座移动等)引起的,也可以是假想的。但位移必须是微小的,并为支座约束条件(如变形连续条件)所允许,即应是所谓协调的位移。

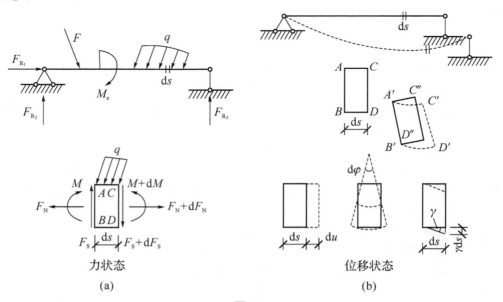

力状态　　　　　　　　位移状态

(a)　　　　　　　　　　(b)

**图8.3**

虚功原理在具体应用时有两种方式:一种是对于给定的力状态,另外虚设一个位移状态,利用虚功方程来求解力状态中的未知力,这样应用的虚功原理可称为**虚位移原理**,在理论力学中曾讨论过这种应用方式;另一种是对于给定的位移状态,另外虚设一个力状态,利用虚功方程来求解位移状态中的未知位移,这样应用的虚功原理可称为**虚力原理**。

## 任务3　静定结构在荷载作用下的位移计算

### 3.1　结构位移计算的一般公式

虚力原理是在虚功原理两个彼此无关的状态中,在位移状态给定的条件下,通过虚设平衡力状态来建立虚功方程求解结构实际存在的位移。

如图 8.4(a)所示,刚架在荷载支座移动或温度变化等因素影响下,产生了如虚线所示的实际变形,此状态为位移状态。为求此状态的位移,需按所求位移相对应地虚设一个力状态。若求图 8.4(a)所示刚架 $K$ 点沿 $k-k$ 方向的位移 $\Delta_K$,则虚设图 8.4(b)所示刚架的力状态。即在刚架 $K$ 点沿拟求位移 $\Delta_K$ 的 $k-k$ 方向虚加一个集中力 $F_K$,为使计算简便,令 $F_K=1$。

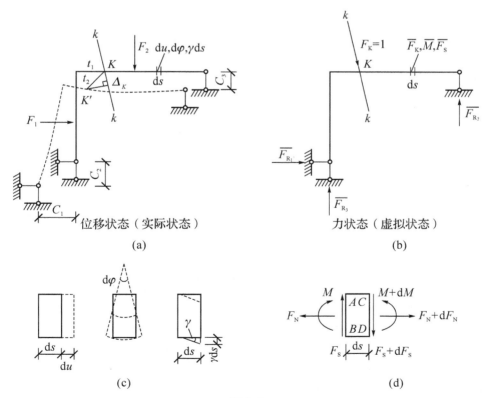

位移状态（实际状态）　　　　　　　　力状态（虚拟状态）

(a)　　　　　　　　　　　　　　　(b)

(c)　　　　　　　　　　　　　　　(d)

**图 8.4**

为求外力虚功 $W$，在位移状态中给出了实际位移 $\Delta_K$、$C_1$、$C_2$ 和 $C_3$，在力状态中可根据 $F_K=1$ 的作用求出 $\overline{F}_{R_1}$、$\overline{F}_{R_2}$、$\overline{F}_{R_3}$ 支座反力。力状态下的外力在位移状态中的相应位移所做虚功为：

$$W = F_K\Delta_K + \overline{F}_{R_1}C_1 + \overline{F}_{R_2}C_2 + \overline{F}_{R_3}C_3$$
$$= 1\times\Delta_K + \sum\overline{F}_RC_i \tag{8.1}$$

为求变形虚功，在位移状态中任取一微段 $ds$，如图 8.4(c)所示，微段上的变形位移分别为 $du$、$d\varphi$ 和 $\gamma ds$。在力状态中，可在与位移状态相对应的相同位置取一微段 $ds$，如图 8.4(d)所示，并根据 $F_K=1$ 的作用求出微段上的内力 $\overline{F}_N$、$\overline{M}$ 和 $\overline{F}_S$。因此，力状态微段上的内力在位移状态微段上的变形位移所做虚功为：

$$dW_v = \overline{F}_N du + \overline{M}d\varphi + \overline{F}_S\gamma ds \tag{8.2}$$

而整个结构的变形虚功为：

$$W_v = \sum\int\overline{F}_N du + \sum\int\overline{M}d\varphi + \sum\int\overline{F}_S\gamma ds \tag{8.3}$$

由虚功原理 $W=W_v$ 有：

$$1\times\Delta_K + \sum\overline{F}_RC_i = \sum\int\overline{F}_N du + \sum\int\overline{M}d\varphi + \sum\int\overline{F}_S\gamma ds \tag{8.4}$$

可得：

$$\Delta_K = -\sum\overline{F}_RC_i + \sum\int\overline{F}_N du + \sum\int\overline{M}d\varphi + \sum\int\overline{F}_S\gamma ds \tag{8.5}$$

式(8.5)就是平面杆件结构位移计算的一般公式。

如果确定了虚拟力状态，其反力 $\overline{F}_R$ 和微段上的内力 $\overline{F}_N$、$\overline{M}$ 和 $\overline{F}_S$ 可求；同时若已知了实际位移状态支座的位移 $C_i$，并可求解微段的变形位移 $du$、$d\varphi$ 和 $\gamma ds$，则位移 $\Delta_K$ 可求。若计算结果为正，表示单位荷载所做虚功为正，即所求位移 $\Delta_K$ 的指向与单位荷载 $F_K=1$ 的指向相同；为负则相反。

### 3.2　单位荷载的设置

利用虚功原理来求结构的位移，关键是虚设恰当的力状态，而巧妙之处在于虚设的单位荷载一定在所求位移点沿所求位移方向设置，这样虚功恰等于位移。这种计算位移的方法称为单位荷载法。在实际问题中，除了计算线位移外，还要计算角位移、相对位移等。因集中力是在其相应的位移上做功，力偶是在其相应的角位移上做功。若拟求绝对线位移，则应在拟求位移处沿拟求线位移方向虚设相应的单位集中力；若拟求绝对角位移，则应在拟求角位移处沿拟求角位移方向虚设相应的单位集中力偶；若拟求相对位移，则应在拟求相对位移处沿拟求相对位移方向虚设相应的一对单位力或力偶。

图 8.5 分别表示了在拟求 $\Delta_{Ky}$、$\Delta_{Kx}$、$\varphi_K$、$\Delta_{KJ}$ 和 $\varphi_{CE}$ 的单位荷载设置。为研究问题的方便，在位移计算中，我们引入广义位移和广义力的概念。线位移、角位移、相对线位移、相对角位移以及某一组位移等，可统称为广义位移；而集中力、力偶、一对集中力、一对力偶以及某一力系等，则统称为广义力。这样，在求解任何广义位移时，虚拟状态所加的荷载

就应是与所求广义位移相应的单位广义力。这里的"相应"是指力与位移在做功关系上的对应,如集中力与线位移对应、力偶与角位移对应等。

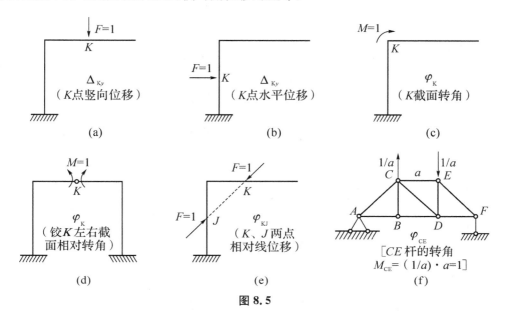

图 8.5

### 3.3　静定结构在荷载作用下的位移计算

在荷载作用下的实际结构中,不同的结构形式其受力特点不同,各内力项对位移的影响也不同。为简化计算,对不同结构,常忽略对位移影响较小的内力项,这样既满足了工程精度要求,又使计算简化。

各类结构的位移计算简化公式如下。

（1）梁和刚架

位移主要是由弯矩引起,为简化计算,可忽略剪力和轴力对位移的影响,则有:

$$\Delta_{KP} = \sum \int \frac{\overline{M} M_P}{EI} \mathrm{d}s \tag{8.6}$$

（2）桁架

各杆件只有轴力,则有:

$$\Delta_{KP} = \sum \int \frac{\overline{F}_N F_{NP}}{EA} \mathrm{d}s \tag{8.7}$$

（3）拱

对于拱,当其轴力与压力线相近(两者的距离与拱截面高度为同一数量级)或者为扁平拱$\left(\dfrac{f}{l} < \dfrac{1}{5}\right)$时,要考虑弯矩和轴力对位移的影响,即:

$$\Delta_{KP} = \sum \int \frac{\overline{M} M_P}{EI} \mathrm{d}s + \sum \int \frac{\overline{F}_N F_{NP}}{EA} \mathrm{d}s \tag{8.8}$$

其他情况下一般只考虑弯矩对位移的影响,即:

$$\Delta_{KP} = \sum \int \frac{\overline{M} M_P}{EI} ds \tag{8.9}$$

(4)组合结构

此类结构中梁式杆以受弯为主,只计算弯矩的影响;对于链杆,只有轴力影响,即:

$$\Delta_{KP} = \sum \int \frac{\overline{M} M_P}{EI} ds + \sum \int \frac{\overline{F}_N F_{NP}}{EA} ds$$

**例 8.1**　如图 8.6(a)所示刚架,各杆段抗弯刚度均为 $EI$,试求 $B$ 截面水平位移。

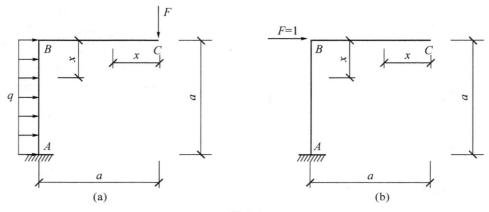

**图 8.6**

**解**:实际位移状态如图 8.6(a)所示,设立虚拟单位力状态如图 8.6(b)所示。

刚架弯矩以内侧受拉为正,则有:

$BA$ 杆

$$M_P(x) = -Fa - \frac{qx^2}{2}(0 < x < a)$$

$$\overline{M}(x) = -1 \times x(0 < x < a)$$

$BC$ 杆

$$M_P(x) = -Fx(0 \leqslant x < a)$$

$$\overline{M}(x) = 0(0 \leqslant x < a)$$

将内力及 $ds = dx$ 代入式(8.6)有:

$$\Delta_{Bx} = \int_0^a \frac{-x}{EI} \times \left(-Fa - \frac{qx^2}{2}\right) dx + \int_0^a \frac{1}{EI} \times (-Fx) dx$$

$$= \frac{1}{EI} \left(\frac{Fa^3}{2} + \frac{qa^4}{8}\right)(\rightarrow)$$

## 任务4  图乘法

计算梁和刚架在荷载作用下的位移时,先要写出 $M_P$ 和 $\overline{M}$ 的方程式,然后代入式(8.6)进行积分运算。

$$\Delta_{KP} = \sum \int \frac{\overline{M}M_P}{EI}ds$$

当荷载比较复杂时,两个函数乘积的积分计算很繁琐,当结构的各杆段符合下列条件时,问题可以简化:

(1) 杆轴线为直线。

(2) $EI$ 为常数。

(3) $M_P$ 和 $\overline{M}$ 两个弯矩图至少有一个为直线图形。

若符合上述条件,则可用下述图乘法来代替积分运算,使计算工作简化。

在应用图乘法时要注意以下几点:

(1) 必须符合前述的前提条件。

(2) 竖标只能取自直线图形。

(3) $A_w$ 与 $y_C$ 若在杆件同侧图乘取正号,在异侧图乘取负号。

(4) 需要掌握几种简单图形的面积及形心位置,如图8.7所示;

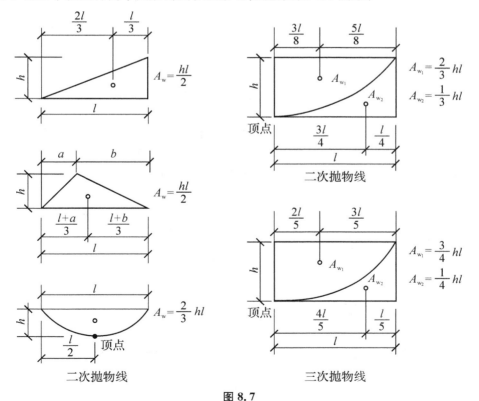

图 8.7

（5）当遇到面积和形心位置不易确定时，可将它分解为几个简单的图形，分别与另一个图形相乘，然后把结果叠加起来。

例如，如图 8.8（a）所示的两个梯形相乘时，梯形的形心不易定出，可以把它分解为两个三角形，即 $M_P = M_{Pa} + M_{Pb}$，形心对应的竖标分别为 $y_a$、$y_b$，则：

$$\frac{1}{EI} \int \overline{M} M_P \mathrm{d}x = \frac{1}{EI} \int \overline{M} (M_{Pa} + M_{Pb}) \mathrm{d}x$$

$$= \frac{1}{EI} \int \overline{M} M_{Pa} \mathrm{d}x + \frac{1}{EI} \int \overline{M} M_{Pb} \mathrm{d}x$$

$$= \frac{1}{EI} \left( \frac{al}{2} y_a + \frac{bl}{2} y_b \right)$$

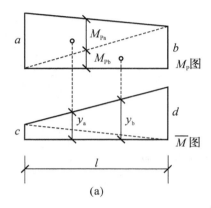 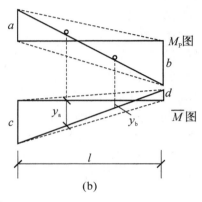

图 8.8

其中

$$y_a = \frac{2}{3} c + \frac{1}{3} d$$

$$y_b = \frac{1}{3} c + \frac{2}{3} d$$

当 $M_P$ 或 $\overline{M}$ 图的竖标 $a$、$b$、$c$、$d$ 不在基线的同一侧时，可继续分解为位于基线两侧的两个三角形，如图 8.8（b）所示，上述公式仍可用，只不过 $b$、$c$ 取负值即可。

当 $y_c$ 所在图形是折线时，或各杆段截面不相等时，均应分段图乘，再进行叠加，如图 8.9 所示。

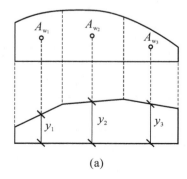 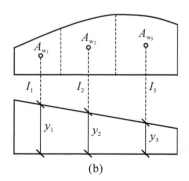

图 8.9

如图 8.9(a)所示应为：

$$\Delta = \frac{1}{EI}(A_{\omega_1} y_1 + A_{\omega_2} y_2 + A_{\omega_3} y_3)$$

如图 8.9(b)所示应为：

$$\Delta = A_{\omega_1} \frac{y_1}{EI_1} + A_{\omega_2} \frac{y_2}{EI_2} + A_{\omega_3} \frac{y_3}{EI_3}$$

## 课堂实训

试求如图 8.10 所示外伸梁 $C$ 点的竖向位移 $\Delta_{Cy}$，且梁的 $EI$ 为常数。

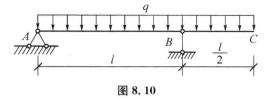

图 8.10

## 思考与练习

1. 求如图 8.11 所示结构 $A$ 点的竖向位移。$EI$ 为常数。

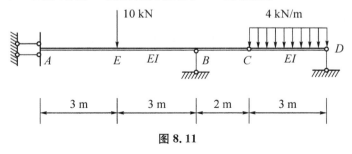

图 8.11

2. 求如图 8.12 所示结构 $C$ 点的转角。$EI$ 为常数。

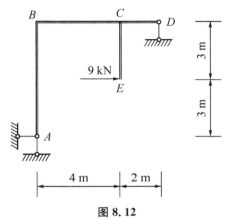

图 8.12

3. 求如图 8.13 所示结构 $D$ 点的转角。$EI$ 为常数。

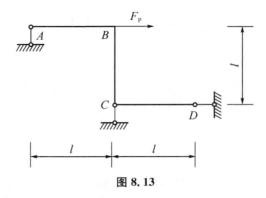

图 8.13

4. 求如图 8.14 所示结构 $C$ 点的竖向位移。$EI$ 为常数。

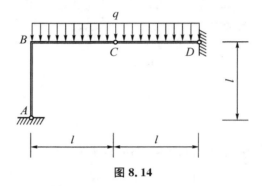

图 8.14

5. 求如图 8.15 所示结构 $A$、$B$ 两点的相对转角。$EI$ 为常数。

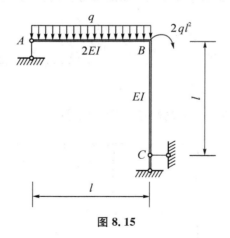

图 8.15

# 项目九　力　法

## 任务 1　超静定结构概述

### 1.1　超静定结构的概念

只靠平衡条件便可确定全部支反力（如内力的结构）的结构称为静定结构；单靠平衡条件不能确定全部支反力的结构则称为超静定结构。

从几何组成上看，超静定结构为几何不变体系且无多余联系。多余联系所对应的约束反力称为多余未知力。求解超静定结构常用以下两种基本方法：

（1）力法：以结构多余未知力为未知量，利用位移条件建立补充方程来求解超静定结构。

（2）位移法：以结构某些位移为未知量，利用平衡条件建立补充方程来求解超静定结构。

用力法求解超静定结构，首先需确定结构的超静定次数，即：

$$超静定次数＝多余联系数＝多余未知力数＝需要建立补充方程数$$

超静定次数的确定方法：去掉超静定结构的多余联系，使其成为几何不变体系且无多余联系的静定结构。去掉多余联系的数目即为结构的超静定次数。

### 1.2　超静定次数的确定

由结构的几何组成分析可知：

（1）去掉一个链杆，相当于去掉一个联系，如图 9.1 所示结构就是一次超静定结构。图中原结构的多余联系去掉后用未知力 $X_1$ 代替。

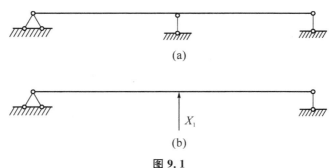

(a)

(b)

**图 9.1**

（2）去掉一个单铰，相当于去掉两个联系，如图 9.2 所示结构就是二次超静定结构。图中原结构的多余联系去掉后用未知力 $X_1$、$X_2$ 代替。

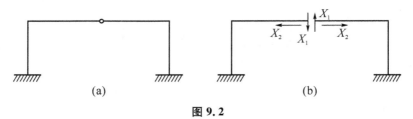

图 9.2

（3）切断一个杆件或去掉一个刚结点，或去掉一个固定端，相当于去掉三个联系，如图 9.3 所示结构就是三次超静定结构。图中原结构的多余联系去掉后用未知力 $X_1$、$X_2$、$X_3$ 代替。

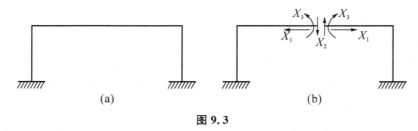

图 9.3

（4）把刚性连接改为单铰，相当于去掉一个联系，如图 9.4 所示结构就是一次超静定结构。图中原结构的多余联系去掉后用未知力 $X_1$ 代替。

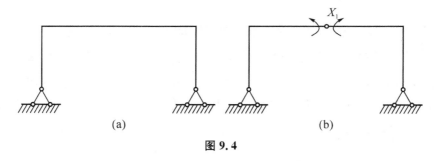

图 9.4

应用去掉多余联系的方法，可以确定结构的超静定次数。应该指出，同一个超静定结构去掉多余联系的方式有多种，所对应得到的静定结构也有多种方式。图 9.5 中可以有三种不同方式来去掉多余联系，得到三种不同形式的静定结构，如图 9.5(b)～图 9.5(d) 所示。

这里所说的去掉多余联系，是以保证得到的体系为几何不变的原则而去掉，而图 9.6(a) 中的水平链杆就不能去掉，如果去掉（图 9.6(b)），体系就会变为几何可变体系，所以说该水平链杆是原结构的必要联系而不是多余联系。同理，图 9.6(c) 中的竖向链杆亦不可去掉。

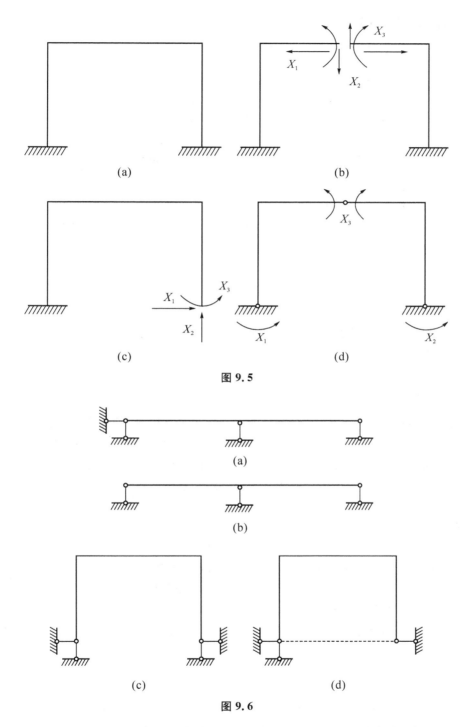

图 9.5

图 9.6

如图 9.7(a)所示的多跨多层刚架将每一个封闭框格的横梁切断,共去掉 3×4＝12 个多余联系后,变成如图 9.7(b)所示的静定结构,所以它是 12 次超静定的结构。如图 9.7(c)所示的刚架将顶部的复铰(相当于两个单铰)去掉后,变成如图 9.7(d)所示的静定结构,所以它是 4 次超静定的结构。

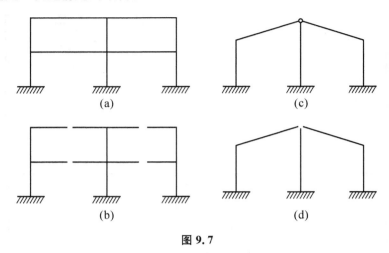

图 9.7

# 任务 2　力法原理和力法方程

## 2.1　力法基本原理

将超静定结构去掉多余联系得到(几何不变且无多余联系)的静定结构称为原结构的静定基本结构。在力法中将去掉多余联系所对应的约束反力称为多余未知力。若在去掉原结构多余联系处代以其对应的多余未知力,得到的静定基本结构在荷载和多余未知力共同作用下的一个体系,则称为对应于原结构的静定基本体系。

不难理解,原结构和静定体系的内力和变形等效。依据二者等效的原则,可建立补充方程从而求解超静定结构。

如图 9.8(a)所示为一单跨超静定梁,不难看出,它是一次超静定结构。如果把支座 $B$ 去掉,可得到对应于原结构的静定基本结构(简称基本结构),如图 9.8(b)所示。将去掉的多余联系代以多余未知力,再加上原荷载共同作用在静定基本结构上,就得到了对应于原结构的静定基本体系(简称基本体系),如图 9.8(c)所示。

据原结构和基本体系等效原则,即基本体系 $B$ 点竖向位移 $\Delta_B = \Delta_1 = 0$(原结构此处竖向位移为零),由叠加原理得:

$$\Delta_1 = \Delta_{1P} + \Delta_{11} \tag{9.1}$$

式中:$\Delta_{1P}$——荷载单独作用在基本结构上在 $B$ 点产生的竖向位移,如图 9.8(d)所示;

$\Delta_{11}$——单独作用在基本结构上在 $B$ 点产生的竖向位移,如图 9.8(e)所示,即:

$$\Delta_{1P} = \sum \int \frac{M_P \overline{M}_1}{EI} \mathrm{d}s \tag{9.2}$$

若设 $\overline{X}_1 = 1$ 时对应的竖向位移为 $\delta_{11}$，如图 9.8(f) 所示，即：

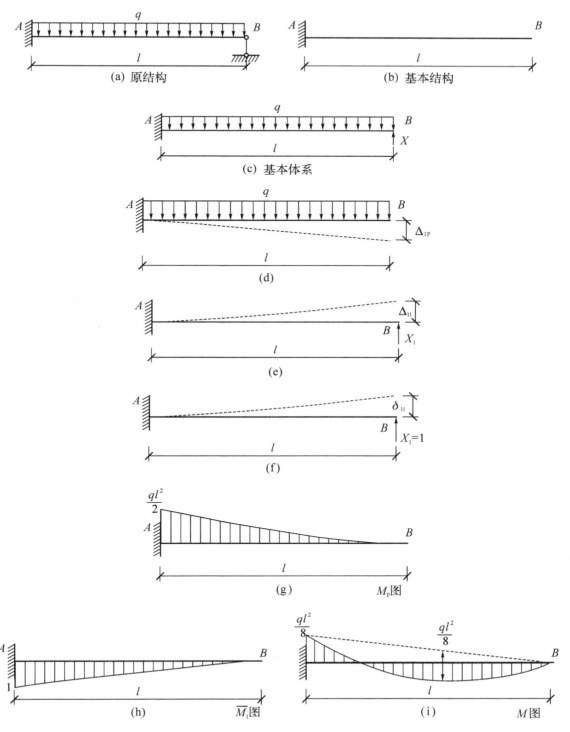

图 9.8

$$\delta_{11} = \sum \int \frac{\overline{M}_1^2}{EI} \mathrm{d}s \tag{9.3}$$

此时可写出位移条件补充方程：

$$\delta_{11} X_1 + \Delta_{1P} = 0 \tag{9.4}$$

不难理解，若求出位移 $\delta_{11}$、$\Delta_{1P}$，则 $X_1$ 可求，画出 $M_P$ 图，即为荷载弯矩图（荷载单独作用于基本结构的弯矩图），$\overline{M}_1$ 图称为单位力弯矩图（$\overline{X}_1 = 1$ 的单位力单独作用于基本结构上的弯矩图），如图 9.8(g)、图 9.8(h)所示。利用图乘法可求出 $\Delta_{1P}$、$\Delta_{11}$，根据叠加原理进一步画出原结构的最后弯矩图 $M$，如图 9.8(i)所示，即：

$$M = M_P + \overline{M} X_1 \tag{9.5}$$

力法的解题关键在于根据已知的位移条件建立方程。选取基本体系，如图 9.9(b)所示，原结构等效于基本体系，基本体系 $B$ 点的三个位移 $\Delta_1$、$\Delta_2$、$\Delta_3$ 相对应地等于原结构 $B$ 点的三个方向位移，由于原结构的三个位移都是零，于是有：

$$位移条件 \begin{cases} \Delta_1 = 0 \\ \Delta_2 = 0 \\ \Delta_3 = 0 \end{cases} \tag{9.6}$$

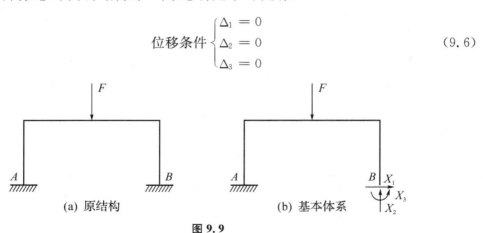

**图 9.9**

## 2.2　力法典型方程

依次写出力法典型方程：

$$\begin{cases} \delta_{11} X_1 + \delta_{12} X_2 + \delta_{13} X_3 + \Delta_{1P} = \Delta_1 = 0 \\ \delta_{21} X_1 + \delta_{22} X_2 + \delta_{23} X_3 + \Delta_{2P} = \Delta_2 = 0 \\ \delta_{31} X_1 + \delta_{32} X_2 + \delta_{33} X_3 + \Delta_{3P} = \Delta_3 = 0 \end{cases} \tag{9.7}$$

式中：$\delta_{11}$——$\overline{X}_1$ 的单位力单独作用在基本结构在 $X_1$ 作用位置、沿 $X_1$ 方向产生的位移；

$\delta_{11} X_1$——$X_1$ 单独作用在基本结构在 $X_1$ 作用位置、沿 $X_1$ 方向产生的位移；

$\delta_{12} X_2$、$\delta_{13} X_3$——$X_2$、$X_3$ 单独作用在基本结构在 $X_1$ 作用位置、沿 $X_1$ 方向产生的位移；

$\delta_{21} X_1$、$\delta_{22} X_2$、$\delta_{23} X_3$ 等同理推之。

注意：$\delta_{ij}$ 的前面小角标 $i$ 表示位移发生的位置和方向，后面的小角标 $j$ 表示产生位移

的原因为 $\overline{X}_j = 1$ 的单位力作用。

对于 $n$ 次超静定结构有 $n$ 个未知力，则有 $n$ 个位移条件，可得力法方程如下：

$$\begin{cases} \delta_{11}X_1 + \delta_{12}X_2 + \delta_{13}X_3 + \cdots + \delta_{1n}X_n + \Delta_{1P} = 0 \\ \delta_{21}X_1 + \delta_{22}X_2 + \delta_{23}X_3 + \cdots + \delta_{2n}X_n + \Delta_{2P} = 0 \\ \quad\vdots \qquad\quad \vdots \qquad\quad \vdots \qquad\qquad \vdots \\ \delta_{n1}X_1 + \delta_{n2}X_2 + \delta_{n3}X_3 + \cdots + \delta_{nn}X_n + \Delta_{1P} = 0 \end{cases} \tag{9.8}$$

式(9.8)通常称为力法典型方程，其物理意义为：基本结构在全部多余未知力和荷载的共同作用下，在去掉各多余联系处，沿各多余未知力方向的位移与原结构相应处的位移相等。

### 2.3　力法一般方程的建立

在典型方程中，位于从左上方至右下方的一条主对角线上的系数 $\delta_{ij}(i=j)$ 称为主系数，其值恒为正，且不会等于零，其他系数 $\delta_{ij}(i \neq j)$ 称为副系数，最后一项 $\delta_{ij} = \delta_{ji}$ 称为自由项。副系数和自由项的值可能为正、负或零。系数和自由项都是位移，根据位移互等定理，有 $\delta_{ij} = \delta_{ji}$，计算系数时可用到此等值关系。

$\delta_{ii}$：$\overline{X}_i = 1$ 单独作用时，在 $X_i$ 位置沿 $X_i$ 方向上产生的位移；

$\delta_{ij}$：$\overline{X}_j = 1$ 单独作用时，在 $X_i$ 位置沿 $X_i$ 方向上产生的位移；

$\Delta_{iP}$：$P$（荷载）单独作用时，在 $X_i$ 位置沿 $X_i$ 方向上产生的位移。

# 任务3　用力法计算超静定结构

### 3.1　超静定梁和刚架

力法基本解题步骤：

①选取基本体系。

②建立力法典型方程。

③绘制单位内力图和荷载内力图。

④计算系数和自由项。

⑤解方程求出多余未知力。

⑥按叠加法绘制最后弯矩图。

**例 9.1**　用力法计算图 9.10(a)所示刚架。

**解**：刚架是二次超静定结构，取基本体系，如图 9.10(b)所示。

根据基本体系写出力法方程：

$$\begin{cases} \delta_{11}X_1 + \delta_{12}X_2 + \Delta_{1P} = 0 \\ \delta_{21}X_1 + \delta_{22}X_2 + \Delta_{2P} = 0 \end{cases}$$

计算系数和自由项(即位移计算),需用图乘法分别画出 $M_1$ 和 $M_P$ 图,如图 9.10(c)~图 9.10(e)所示。

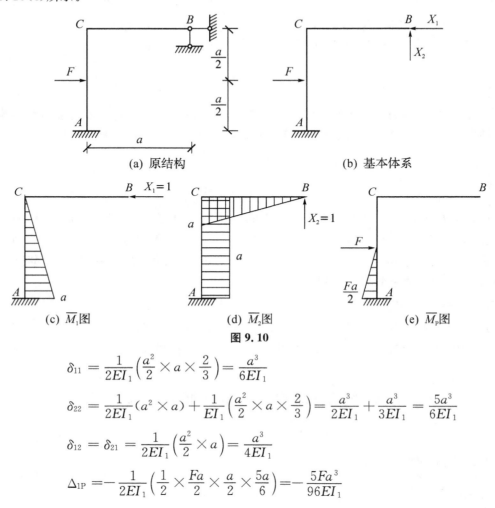

图 9.10

$$\delta_{11} = \frac{1}{2EI_1}\left(\frac{a^2}{2} \times a \times \frac{2}{3}\right) = \frac{a^3}{6EI_1}$$

$$\delta_{22} = \frac{1}{2EI_1}(a^2 \times a) + \frac{1}{EI_1}\left(\frac{a^2}{2} \times a \times \frac{2}{3}\right) = \frac{a^3}{2EI_1} + \frac{a^3}{3EI_1} = \frac{5a^3}{6EI_1}$$

$$\delta_{12} = \delta_{21} = \frac{1}{2EI_1}\left(\frac{a^2}{2} \times a\right) = \frac{a^3}{4EI_1}$$

$$\Delta_{1P} = -\frac{1}{2EI_1}\left(\frac{1}{2} \times \frac{Fa}{2} \times \frac{a}{2} \times \frac{5a}{6}\right) = -\frac{5Fa^3}{96EI_1}$$

将系数、自由项带入方程,消去 $\dfrac{a^3}{EI_1}$,可得:

$$\begin{cases} \dfrac{1}{6}X_1 + \dfrac{1}{4}X_2 - \dfrac{5}{95}F = 0 \\ \dfrac{1}{4}X_1 + \dfrac{5}{6}X_2 - \dfrac{1}{16}F = 0 \end{cases}$$

解联立方程,有:

$$X_1 = \frac{4}{11}F, X_2 = -\frac{3}{88}F$$

利用叠加原理 $\qquad\qquad M = \overline{M}_1 X_1 + \overline{M}_2 X_2 + M_P$

绘制最后弯矩图,如图 9.11 所示。

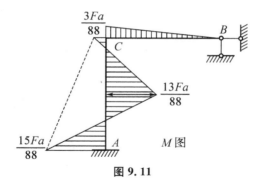

图 9.11

注：对于任一超静定结构用力法解题时，选取的静定基本结构不唯一，可有多种形式，但其最后的结果是相同的，需注意所选的静定基本结构必须是几何不变的。

力法基本解题步骤：

①选取基本体系；

②建立力法典型方程；

③绘制单位内力图和荷载内力图；

④计算系数和自由项；

⑤解方程求出多余未知力；

⑥按叠加法绘制最后弯矩图。

### 3.2　超静定桁架和排架

用力法计算超静定桁架，在只承受结点荷载时，由于在桁架的杆件中只产生轴力，故力法方程中的系数和自由项的计算公式为：

$$\begin{cases} \delta_{ii} = \sum \dfrac{\overline{F}_{Ni}^2 l}{EA} \\[2mm] \delta_{ij} = \sum \dfrac{\overline{F}_{Ni}\,\overline{F}_{Nj}l}{EA} \\[2mm] \Delta_{iP} = \sum \dfrac{\overline{F}_{Ni}\,\overline{F}_{NP}l}{EA} \end{cases} \tag{9.9}$$

桁架各杆的最后内力可按下式计算：

$$F_N = X_i\,\overline{F}_{N1} + X_2\,\overline{F}_{N2} + \cdots + X_n\,\overline{F}_{Nn} + F_{NP} \tag{9.10}$$

**例 9.2**　试分析如图 9.12(a)所示桁架，且设各杆 $EA$ 为常数。

**解**：此桁架是一次超静定结构，切断 $BC$ 杆代以多余力 $X_1$，得如图 9.12(b)所示的基本结构。根据原结构切口两侧截面沿杆轴方向的相对线位移为零的条件，建立力法方程，即：

$$\delta_{11}X_1 + \Delta_{1P} = 0$$

分别求出基本结构在单位力 $X_1 = 1$ 和荷载单独作用下各杆的内力 $F_{N1}$ 和 $F_{NP}$（图 9.12(c)、

图 9.12(d)),求得系数和自由项:

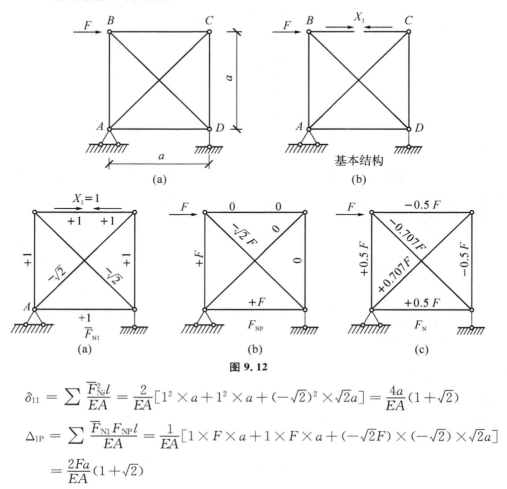

图 9.12

$$\delta_{11} = \sum \frac{\overline{F}_{Ni}^2 l}{EA} = \frac{2}{EA}\left[1^2 \times a + 1^2 \times a + (-\sqrt{2})^2 \times \sqrt{2}a\right] = \frac{4a}{EA}(1 + \sqrt{2})$$

$$\Delta_{1P} = \sum \frac{\overline{F}_{N1} F_{NP} l}{EA} = \frac{1}{EA}\left[1 \times F \times a + 1 \times F \times a + (-\sqrt{2}F) \times (-\sqrt{2}) \times \sqrt{2}a\right]$$

$$= \frac{2Fa}{EA}(1 + \sqrt{2})$$

代入力法方程,求得:

$$X_1 = -\frac{\Delta_{1P}}{\delta_{11}} = -\frac{F}{2}$$

各杆轴力按式(9.10)计算,得:

$$F_N = X_1 \overline{F}_{N1} + F_{NP}$$

最后结果示于图 9.12(e)中。

桁架是链杆体系,计算其位移时只考虑轴向力的影响。组合结构中既有链杆又有梁式杆,计算位移时,对链杆只考虑轴力的影响,而对梁式杆通常可忽略轴力和剪力的影响,只考虑弯矩的影响。

### 3.3　超静定组合结构

**例 9.3**　用力法计算图 9.13(a)所示组合结构的链杆轴力,并作 $M$ 图,其中 $\frac{I}{A} = \frac{L^2}{10}$,并

讨论当 $EA\rightarrow 0$ 和 $EA\rightarrow\infty$ 时链杆轴力及 $M$ 图的变化。

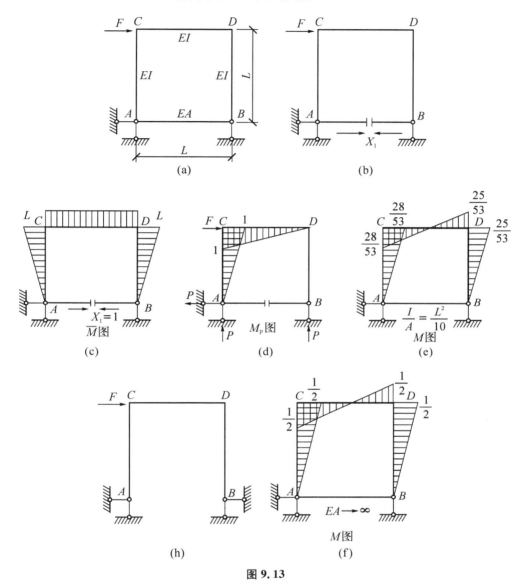

图 9.13

**分析：**（1）组合结构是由梁式杆和链杆组成的，用力法计算时，通常切断链杆作为基本体系，以链杆轴力为基本未知量。（2）计算系数和自由项时，注意系数中应包含切断链杆的轴向变形影响，因链杆已切断，自由项中的链杆轴向变形为零。

**解：**（1）计算

这是一次超静定组合结构，取基本体系及相应的基本未知量，如图 9.13（b）所示。力法方程为：

$$\delta_{11}X_1 + \Delta_{1P} = 0$$

计算 $\overline{F}_{N1}$、$\overline{M}_1$、$M_P$，如图 9.13(c)、9.13(d) 所示。

求系数和自由项 $\delta_{11}$、$\Delta_{1P}$，有：

$$\delta_{11} = \sum \int \frac{\overline{M}_1^2}{EI} dx + \sum \frac{\overline{F}_{N1}^2}{EA} L = \frac{1}{EI} \left[ \left( 2 \times \frac{1}{2} L \times L \times \frac{2}{3} L \right) + (L \times L \times L) \right] + \frac{L}{EA}$$

$$= \frac{5}{3EI} L^3 + \frac{L}{EA}$$

$$\Delta_{1P} = \sum \int \frac{\overline{M}_1 M_P}{EI} dx = -\frac{1}{EI} \left( \frac{1}{2} L \times FL \times \frac{2}{3} L + \frac{1}{2} L \times FL \times L \right)$$

$$= -\frac{5FL^3}{6EI}$$

解方程，得：

$$X_1 = -\frac{\Delta_{1P}}{\delta_{11}} = \frac{\dfrac{5FL^3}{6EI}}{\dfrac{5}{3EI} L^3 + \dfrac{L}{EA}}$$

当 $\dfrac{I}{A} = \dfrac{L^2}{10}$ 时，$X_1 = \dfrac{25}{53} F$。

作 $M$ 图如图 9.13(e) 所示。

(2) 校核

校核公式：

$$\Delta = \sum \int \frac{\overline{M}_1 M}{EI} dx + \frac{\overline{F}_{N1} F_N}{EA} L = 0$$

(3) 讨论

由 $X_1 = \dfrac{\dfrac{5FL^3}{6EI}}{\dfrac{5}{3EI} L^3 + \dfrac{L}{EA}}$ 可以看出，当 $EA \to \infty$ 时，$X_1 \to \dfrac{F}{2}$，由 $M = \overline{M}_1 X_1 + M_P$ 得到 $M$

图，如图 9.13(f) 所示。这时链杆 $AB$ 相当于刚性杆，结构可以看成是 $B$ 端为固定铰支座的刚架，如图 9.13(h) 所示。

# 任务 4  对称性的利用

## 4.1  选取对称的基本结构

对称结构如图 9.14 所示，它有一个对称轴，其中对称包含两方面的含义：

(1) 结构的几何形状和支承情况对称于此轴。

(2) 各杆的刚度（$EI$ 和 $EA$ 等）也对称于此轴。

注：(2) 是对于超静定结构而言，若是静定结构则不满足 (2) 的要求。

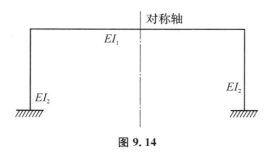

**图 9.14**

### 4.2　荷载分组

实际结构上作用的荷载通常是非对称的,为简化计算,可将任意荷载分解成正对称荷载加反对称荷载,如图 9.15 所示。

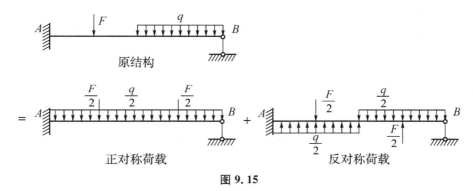

**图 9.15**

经研究可得到如下结论:

（1）正对称荷载作用

对称结构在正对称荷载作用下,其内力及位移都是正对称的,如图 9.16 所示。

注:剪力的方向和大小是正对称的,但由于正、负号的规定,剪力图是反对称的。

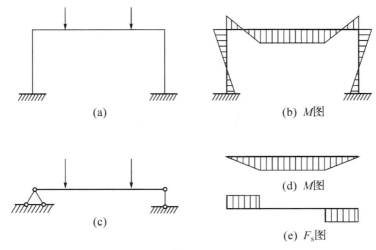

**图 9.16**

（2）反对称荷载作用

对称结构在反对称荷载作用下，其反力、内力和位移都是反对称的，如图 9.17 所示。

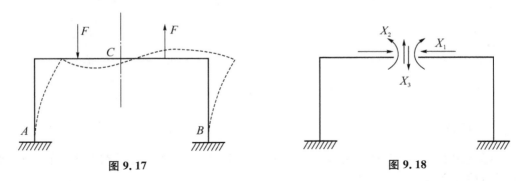

图 9.17　　　　　　　　　　　　　　　图 9.18

（3）选取对称的静定基本结构

用力法求解超静定结构，当选取的静定基本结构为对称结构时，根据前述可得如下结论：对称结构在正对称荷载作用下，其反对称多余力为零，如图 9.18 所示，其中，反对称多余力 $X_3=0$。

例 9.4　如图 9.19(a)所示刚架的各杆件 $EI$ 相同，试作出刚架的弯矩图。

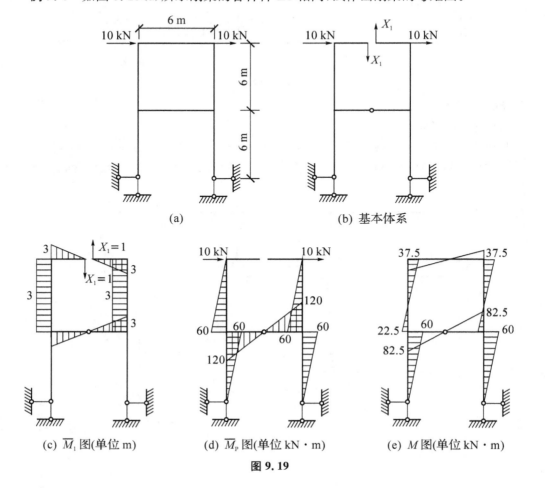

(a)　　　　　　　　　　(b) 基本体系

(c) $\overline{M}_1$ 图(单位 m)　　　(d) $\overline{M}_P$ 图(单位 kN·m)　　　(e) $M$ 图(单位 kN·m)

图 9.19

**解**:这是一个四次超静定结构,在反对称荷载作用下,取对称的基本结构,其基本体系如图 9.19(b)所示,因为正对称荷载作用下多余力为零,基本体系上仅有反对称多余力。

列力法典型方程:

$$\delta_{11}X_1 + \Delta_{1P} = 0$$

分别作出 $\overline{M}_1$、$M_P$ 图,如图 9.19(c)、9.19(d)所示。

由图乘法可得:

$$\delta_{11} = \frac{1}{EI}\left(\frac{3\times3}{2}\times3\times\frac{2}{3}\times4 + 3\times6\times3\times2\right) = \frac{144}{EI}$$

$$\Delta_{1P} = \frac{1}{EI}\left(\frac{60\times6}{2}\times3\times2 + \frac{120\times3}{2}\times\frac{2}{3}\times3\times2\right) = \frac{1\ 800}{EI}$$

带入力法典型方程,解得:

$$X_1 = -\frac{\Delta_{1P}}{\delta_{11}} = -\frac{1\ 800}{144} = -12.5\ \text{kN}$$

最后,弯矩 $M = \overline{M}_1 X_1 + M_P$,其弯矩图如图 9.19(e)所示。

### 4.3 半结构的计算(半刚架法)

当对称结构承受正对称荷载或反对称荷载时,可以截取结构的一半来计算。

(1)奇数跨的对称刚架

正对称荷载作用:奇数跨的对称刚架在正对称荷载作用下的分析如下(图 9.20):①刚架将产生正对称变形,$C$ 处不能发生水平位移和转角,只能有竖向位移;②$C$ 截面有正对称内力,即弯矩和轴力,而无剪力。

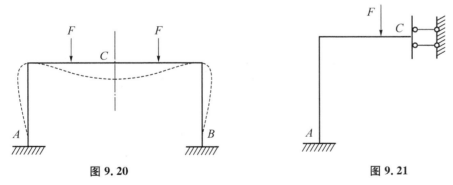

图 9.20              图 9.21

经以上分析可得:在 $C$ 截面处用一个定向滑动支座等效代替杆件的作用,如图 9.21 所示,画出半刚架弯矩图,然后利用对称性画出另一半即可。

反对称荷载作用:奇数跨的对称刚架在反对称荷载作用下的分析如下(图 9.22):①刚架将产生反对称变形,$C$ 处发生水平位移和转角位移,而无竖向位移;②$C$ 截面只有剪力,弯矩和轴力为零。

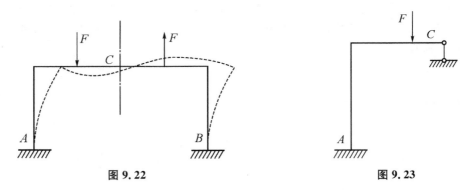

图 9.22　　　　　　　　　　　图 9.23

　　经以上分析可得：在 $C$ 截面处可用一个竖向链杆联系等效代替去掉的杆件作用，如图 9.23 所示，亦可作出半刚架弯矩图，然后反对称画出另一半刚架的弯矩图。

　　（2）偶数跨对称的刚架

　　正对称荷载作用：偶数跨对称刚架在正对称荷载作用下的分析如下（图 9.24）：

　　①刚架将产生正对称变形。

　　②略去中间竖杆的轴向变形，$C$ 处不产生任何位移。

　　③$C$ 处杆端将有弯矩、剪力和轴力。

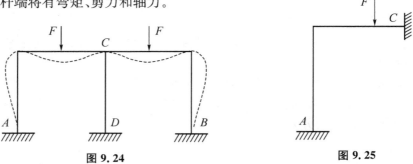

图 9.24　　　　　　　　　　　图 9.25

　　经以上分析可得：在 $C$ 截面处可用一个固定端支座等效代替去掉的杆件作用，如图 9.25 所示，亦可先作出半刚架弯矩图，然后正对称画出另一半刚架的弯矩图。

　　反对称荷载作用：偶数跨对称刚架在反对称荷载作用下的分析如下（图 9.26）：

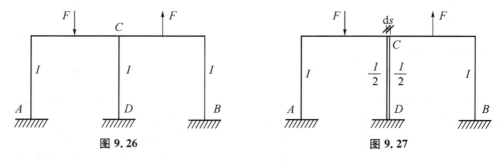

图 9.26　　　　　　　　　　　图 9.27

　　①可将中间的杆件设想为两个杆件，中间有空隙 $ds$，如图 9.27 所示。

　　②如图 9.27 所示为一个对称结构，在反对称荷载作用下，在杆件的中间只有反对称

的多余力 $F_s$，且成对作用于分开后的左右半刚架，如图 9.28 所示。

③由于 $F_s$ 对中间竖杆仅产生等值反号的轴力，相加为零，故 $F_s$ 的存在对刚架的内力和变形均无影响。

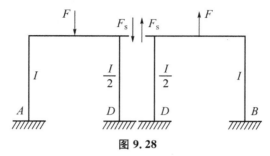

图 9.28

经以上分析可得：将中间竖杆分成 $I/2$ 的两杆，可分别画出两个半刚架的弯矩图，然后叠加在一起，可得到刚架的最后弯矩图，如图 9.29 所示。

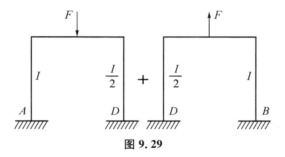

图 9.29

**思考与练习**

1. 确定如图 9.30 所示结构的超静定次数。

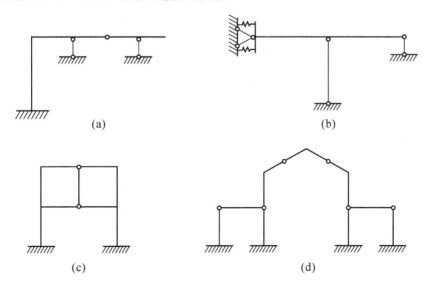

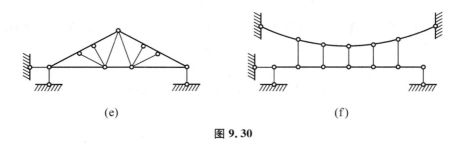

(e)　　　　　　　　　　　　　　(f)

**图 9.30**

2. 用力法计算如图 9.31 所示各超静定梁,并作出弯矩图和剪力图。

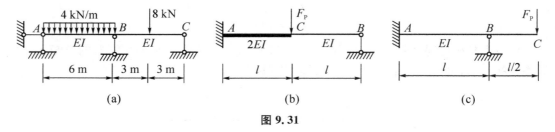

(a)　　　　　　　　(b)　　　　　　　　(c)

**图 9.31**

3. 用力法计算如图 9.32 所示结构,并作出弯矩图。

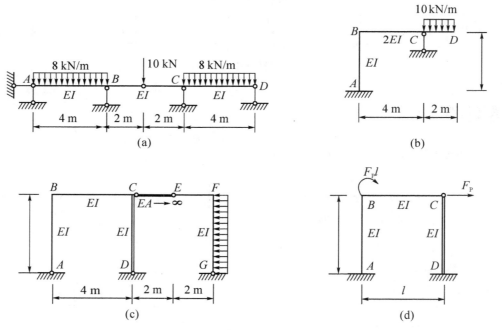

(a)　　　　　　　　　　　　　　　　(b)

(c)　　　　　　　　　　　　　　　(d)

**图 9.32**

4. 用力法计算如图 9.33 所示两桁架各杆的轴力,已知各杆 $EA$ 相同且为常数。

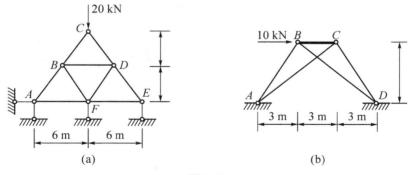

图 9.33

5. 用力法计算如图 9.34 所示两超静定组合结构,绘出弯矩图,并求链杆轴力。

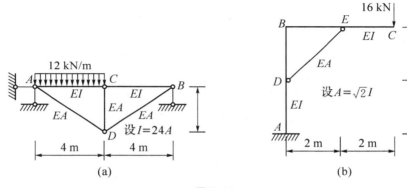

图 9.34

# 项目十　位移法和力矩分配法

## 任务 1　位移法

位移法是分析超静定结构的另一种基本方法,它是以结点位移作为基本未知量来求解超静定结构的。本项目主要介绍位移法基本结构的确定、位移法方程的建立、位移法的计算方法以及结构内力图的绘制。

位移法是分析超静定结构的另一种基本方法。它与力法的主要区别在于所选取的基本未知量不同。力法是取结构中的多余未知量,并据以求结构中的其他未知力和位移。位移法则是取结点位移为基本未知量,先设法求出它们,再据以求结构中的未知内力和其他未知位移。顾名思义,这两种方法的主要特征已形象地反映在它们的名称上了。

### 1.1　位移法基本变形假设

位移法的计算对象是由等截面直杆组成的杆系结构,例如刚架、连续梁。在计算中认为结构仍然符合小变形假定,同时位移法假设:

(1) 各杆端之间的轴向长度在变形后保持不变;

(2) 刚性结点所连各杆端的截面转角是相同的。

### 1.2　位移法的基本未知量

力法的基本未知量是未知力,顾名思义,位移法的基本未知量是结点位移。值得注意的是,这里所说的结点是指计算结点,即结构各杆件的连接点。结点位移分为结点角位移和结点线位移两种,运用位移法计算时,首先要明确基本未知量。

注意到结点分为刚结点和铰结点,而铰结点对各杆端截面的相对角位移无约束作用,因此只有刚结点处才有作为未知量的角位移。因此,统计一下结构的刚结点数,每一个刚结点有一个转角位移,则整个结构的刚结点数就是角位移数。在分析结构的角位移数时,要注意组合结点的特殊性。

如图 10.1(a)所示结构中的 $E$、$F$、$H$ 三个结点是刚结点和铰结点的联合结点。$E$ 结点处,$HE$ 杆、$DE$ 杆、$BE$ 杆刚性连接,属于刚结点;$EF$ 杆是铰接,属于铰结点。$F$ 结点处,$JF$ 杆、$CF$ 杆刚性连接(两杆轴线成 $180°$ 连接),属于刚结点;$EF$ 杆是铰接,属于铰结点;$H$ 结点可同样分析。而 $G$、$D$、$J$ 均是刚结点,因此该结构的结点角位移数为 6。而如图 10.1(b)所

示结构中的 $B$ 结点,看起来有个支座,似乎是边界结点,但是由于 $AB$ 杆 $BC$ 杆在此刚性连接,因此属于刚结点。整个梁只有一个刚结点,故角位移个数为 1。

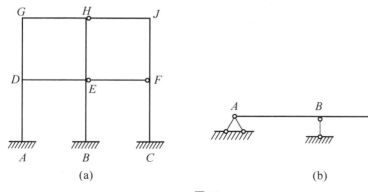

图 10.1

对于结点线位移,以图 10.2 所示结构的 $A$、$B$ 结点为例,由于忽略杆件的轴向变形,即变形后杆长不变,$A$、$B$ 两结点所产生水平线位移相等,求出其中一个结点的水平线位移,另一个也就知道了,换句话说,这两个结点线位移中只有一个是独立的,称为独立结点线位移,另一个是与它相关的。位移法以独立结点线位移为基本未知量,在实际计算中,独立结点线位移的数目可采用添加辅助链杆的方法来判定,即"限制所有结点线位移所需添加的链杆数就是独立结点线位移数"。

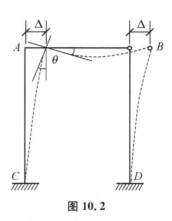

图 10.2

如图 10.3(a)所示结构,共有 $C$、$D$、$E$、$F$ 四个刚结点,由于 $A$、$B$ 是固定支座,$A$、$B$ 两点没有竖向位移,注意到"变形后,杆长不变",所以四个刚结点的竖向位移都受到了约束,不需添加链杆。分析结点水平位移,在 $D$、$F$ 结点处分别添加一个水平链杆,如图 10.3(b)所示,这四个刚结点的水平位移也将被约束,从而四个结点的所有位移都被约束,添加的链杆数为 2,所以结构存在两个独立的结点水平线位移。

如图 10.3 所示结构有四个刚结点,因此有四个结点角位移,总的位移法基本未知量数目为 6(4 个角位移,2 个线位移)。

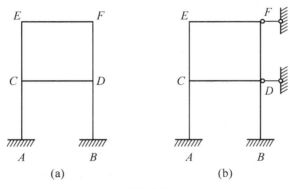

图 10.3

### 1.3  位移法的杆端内力

（1）运用位移法计算超静定结构时，需要将结构拆成单杆，单杆的杆端约束视结点而定，刚结点视为固定支座，铰结点视为固定铰支座。当讨论杆件的弯矩与剪力时，由于铰支座在杆轴线方向上的约束力只产生轴力，因此可不予考虑，从而铰支座可进一步简化为垂直于杆轴线的可动铰支座。结合边界支座的形式，位移法的单杆超静定梁有三种形式，如图 10.4 所示。

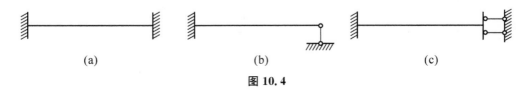

(a)                              (b)                              (c)

**图 10.4**

（2）位移法规定杆端弯矩顺时针转向为正，逆时针转向为负（对于结点就变成逆时针转向为正），如图 10.5 所示。以后运用位移法进行结构内力分析时，弯矩的正负号都遵从这个规定。要注意的是，这和前面梁的内力计算中规定梁弯矩下侧受拉为正是不一样的，因为对于整体结构来说，杆件不仅仅有水平杆件，还有竖向、斜向杆件。对于剪力、轴力的正负规定，则和前面的规定保持一致。

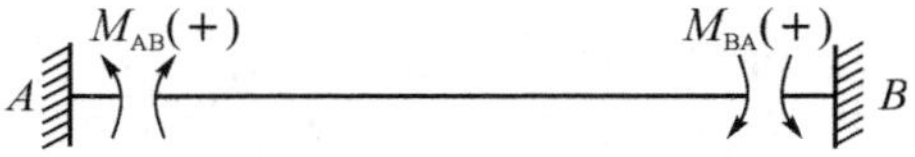

$$A \vdash M_{AB}(+) \qquad\qquad M_{BA}(+) \dashv B$$

**图 10.5**

（3）位移法的杆端内力主要是剪力和弯矩，由于位移法下的单杆都是超静定梁，所以不仅荷载会引起杆端内力，杆端支座位移也会引起内力。由荷载引起的弯矩称为固端弯矩，由荷载引起的剪力称为固端剪力。等截面超静定杆的杆端弯矩和内力表详见附录二。

### 1.4  位移法原理

如图 10.6(a)所示超静定刚架，在荷载作用下，其变形如图中虚线所示。此刚架没有结点线位移，只有刚结点 $A$ 处的角位移，记为 $\theta_A$，假设顺时针转。

直接查表，写出各杆的杆端弯矩表达式（注意到 $AC$ 杆既有荷载，又有结点角位移，故应叠加）。

$$M_{BA} = 2i\theta_A$$

$$M_{AB} = 4i\theta_A$$

$$M_{AC} = 3i\theta_A - \frac{3}{16}Fl$$

$$M_{CA} = 0$$

以上各杆端弯矩表达式中均含有未知量 $\theta_A$，所以又称为转角位移方程。

为了求出位移未知量，我们来研究结点 $A$ 的平衡，取隔离体如图 10.6(d)所示。

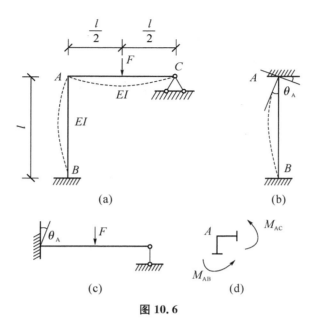

**图 10.6**

根据 $\sum M_A = 0$ 有：

$$M_{AB} + M_{AC} = 0$$

把 $M_{AB}$ 和 $M_{AC}$ 的表达式代入：

$$4i\theta_A + 3i\theta_A - \frac{3}{16}Fl = 0$$

解得：

$$i\theta_A = \frac{3}{112}Fl$$

结果为正,说明转向和原来假设的顺时针方向一致。

再把 $i\theta_A = \frac{3}{112}Fl$ 代回各杆端弯矩式得：

$$M_{BA} = \frac{3}{56}Fl（顺时针、右侧受拉）$$

$$M_{AB} = \frac{6}{56}Fl（顺时针、左侧受拉）$$

$$M_{AC} = -\frac{6}{56}Fl（逆时针、上侧受拉）$$

$$M_{CA} = 0$$

根据杆端弯矩及区段叠加法,可作出弯矩图,亦可作出剪力图、轴力图,如图 10.7 所示。

通过以上叙述可知,位移法的基本思路就是选取结点位移为基本未知量,把每段杆件视为独立的单跨超静定梁,然后根据其位移以及荷载写出各杆端弯矩的表达式,再利用静力平衡条件求解出位移未知量,进而求解出各杆端弯矩。

　　该方法由于采用了位移作为未知量,故称为位移法。而力法则以多余未知力为基本未知量,故称为力法。

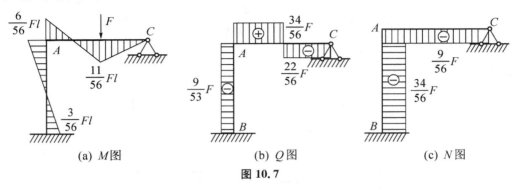

（a）$M$图　　　　　（b）$Q$图　　　　　（c）$N$图

图 10.7

### 1.5　位移法求解超静定结构的步骤及应用

①确定基本未知量。

②将结构拆成单杆。

③查表附录二,列出各杆端转角位移方程。

④根据平衡条件建立平衡方程(一般对有转角位移的刚结点取力矩平衡方程,有结点线位移时则考虑线位移方向的静力平衡方程)。

⑤解出未知量,求出杆端内力。

⑥作出内力图。

**例 10.1**　试作如图 10.8(a)所示两连续梁的弯矩图。已知各杆 $EI$ 为常数。

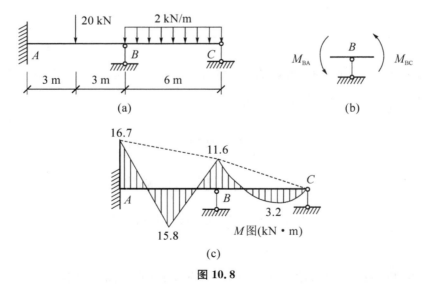

图 10.8

**解**:(1) 确定基本未知量

只有结点 $B$ 是刚性结点,故取 $\theta_B$ 为基本未知量。

（2）建立转角位移方程

由附录二查出由杆端位移产生的杆端弯矩和由荷载产生的固端弯矩并相叠加,即得转角位移方程为：

$$M_{AB} + M_{BC} = 0$$

$$M_{AB} = 2i\theta_B - \frac{1}{8}Pl = 2i\theta_B - \frac{1}{8} \times 20 \times 6 = 2i\theta_B - 15$$

$$M_{BA} = 4i\theta_B + \frac{1}{8}Pl = 4i\theta_B + 15$$

$$M_{BC} = 3i\theta_B - \frac{1}{8}Pl = 3i\theta_B - \frac{1}{8} \times 2 \times 6^2 = 3i\theta_B - 9$$

$$M_{CB} = 0$$

（3）建立位移法基本方程求 $\theta_B$

取结点 $B$ 为隔离体,如图 10.8(b)所示,由 $\sum M_B = 0$ 得

$$M_{BA} + M_{BC} = 0$$

即：

$$7i\theta_B + 6 = 0$$

解得：

$$\theta_B = -\frac{6}{7i}$$

（4）计算各杆的杆端弯矩

将 $i\theta_B$ 的数值回代转角位移方程得各杆端弯矩为

$$M_{AB} = \left[ 2 \times \left( -\frac{6}{7} \right) - 15 \right] \text{kN} \cdot \text{m} = -16.7 \text{ kN} \cdot \text{m}$$

$$M_{BA} = \left[ 4 \times \left( -\frac{6}{7} \right) + 15 \right] \text{kN} \cdot \text{m} = -11.6 \text{ kN} \cdot \text{m}$$

$$M_{BC} = \left[ 3 \times \left( -\frac{6}{7} \right) - 9 \right] \text{kN} \cdot \text{m} = -11.6 \text{ kN} \cdot \text{m}$$

$$M_{CB} = 0$$

（5）作弯矩图

根据所求得的杆端弯矩及各杆所承受的荷载情况,作出弯矩图如图 10.8(c)所示。

**例 10.2**　试作如图 10.9(a)所示刚架的弯矩图。已知各杆 $EI$ 为常数。

**解**：（1）确定基本未知量

只有结点 $B$ 的转角 $\theta_B$ 一个基本未知量。

（2）建立各单元杆件的转角位移方程

根据各单元杆件的结构形式、杆端位移以及所承受的荷载,可由表 18.1 查得各杆的杆端弯矩为：

$AB$ 杆（相当于一端固定另端铰支的梁）：

$$M_{AB}^{F} = 0$$

$$M_{BA}^{F} = -\frac{3}{16}Fl = -\frac{3}{16} \times 10 \times 4 \text{ kN} \cdot \text{m} = -7.5 \text{ kN} \cdot \text{m}$$

$$\begin{cases} M_{AB} = 0 \\ M_{BA} = 3i\theta_B - 7.5 \end{cases}$$

$BC$ 杆（相当于两端固定的梁）：

$$M_{BC}^{F} = -M_{CB}^{F} = \frac{ql^2}{12} = \frac{2 \times 4^2}{12} \text{kN} \cdot \text{m} = 2.67 \text{ kN} \cdot \text{m}$$

$$\begin{cases} M_{BC} = 4i\theta_B + 2.67 \\ M_{CB} = 2i\theta_B - 2.67 \end{cases}$$

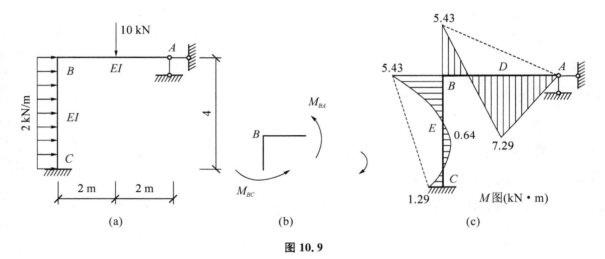

图 10.9

（3）建立位移法基本方程，求结点位移 $\theta_B$

取结点 $B$ 为隔离体，如图 10.9(b)所示（未画出轴力和剪力），利用结点 $B$ 的力矩平衡条件列出平衡方程式，即位移法的基本方程。

由 $\sum M_B = 0$ 得

$$M_{BA} + M_{BC} = 0$$

将 $M_{BA}$ 和 $M_{BC}$ 代入上式得

$$7i\theta_B - 4.83 = 0$$

解得：

$$\theta_B = \frac{4.83}{7i}(\downarrow)$$

（4）计算各杆的杆端弯矩

将 $\theta_B$ 回代转角位移方程式得各杆端弯矩为：

$$M_{AB} = 0$$

$$M_{BA} = 3i \times \frac{4.83}{7i} - 7.5 = -5.43 \text{ kN} \cdot \text{m}$$

$$M_{BC} = 4i \times \frac{4.83}{7i} + 2.67 = 5.43 \text{ kN} \cdot \text{m}$$

$$M_{CB} = 2i \times \frac{4.83}{7i} - 2.67 = -1.29 \text{ kN} \cdot \text{m}$$

（5）根据各杆端弯矩作 $M$ 图

分别作出刚架每根杆件的弯矩图即得到刚架的弯矩图，如图 10.9（c）所示。作每根杆件的弯矩图时，可把杆件视为一根简支梁，而把杆端弯矩视为作用于该简支梁梁端的外力矩（即荷载）。如杆端弯矩为正值，则此外力矩方向为顺时针转向，否则为逆时针转向，杆件弯矩图一律不注正负号，而画在杆件受拉一侧。

容易计算 $AB$ 杆集中荷载作用处截面 $D$ 的弯矩值：

$$M_D = \frac{Fl}{4} - \frac{M_{BA}}{2} = \left( \frac{10 \times 4}{4} - \frac{5.43}{2} \right) \text{kN} \cdot \text{m} = 7.29 \text{ kN} \cdot \text{m}$$

$BC$ 杆跨中截面 $E$ 的弯矩值：

$$M_E = \frac{ql^2}{8} - \frac{5.43 + 1.29}{2} = 0.64 \text{ kN} \cdot \text{m}$$

需要指出的是，杆内的最大弯矩一般不产生在杆的中央截面，如杆上荷载为均布荷载时，通常在弯矩图中只标注杆中央截面的弯矩值。

**例 10.3** 试作如图 10.10（a）所示结构的弯矩图。

**解**：（1）确定基本未知量

有刚结点 $C$ 的转角 $\theta_C$ 和横梁 $CD$ 的水平线位移 $\Delta$ 两个基本未知量。

（2）建立各单元杆件的转角位移方程

由附录二分别查得由杆端位移所引起的杆端弯矩与荷载引起的固端弯矩并相叠加，即得转角位移方程。应当注意的是 $AC$、$BD$ 两杆的两端结点有相对侧移 $\Delta$，但杆 $CD$ 的两端结点只有整体的水平位移，并无相对的线位移。

$$M_{AC} = 2i\theta_C - \frac{6i}{l}\Delta - \frac{ql^2}{12} = 2\theta_C - \Delta - 3$$

$$M_{CA} = 4i\theta_C - \frac{6i}{l}\Delta + \frac{ql^2}{12} = 4\theta_C - \Delta + 3$$

$$M_{CD} = 3i\theta_C = 3\theta_C$$

（3）建立位移法基本方程，求解基本未知量

有结点线位移刚架的位移法基本方程，有下述两种：

①与 $\theta_C$ 对应的基本方程为结点 $C$ 的力矩平衡方程，取结点 $C$ 为隔离体，如图 10.10（b）所示。由 $\sum M_C = 0$ 得

$$M_{CA} + M_{CD} = 0$$

$$7\theta_C - \Delta + 3 = 0 \tag{a}$$

②与 $\Delta$ 对应的基本方程为横梁 $CD$ 的力投影平衡方程,取两立柱顶端以上的横梁 $CD$ 为隔离体,如图 10.10(c)所示。

由 $\sum M_C = 0$ 得

$$Q_{CA} + Q_{DB} = 0 \tag{b}$$

为了计算 $Q_{CA}$ 和 $Q_{DB}$,分别考虑立柱 $CA$ 和 $DB$ 的平衡(也可以直接由附录二查出):取立柱 $CA$ 为隔离体,如图 10.10(d)所示。

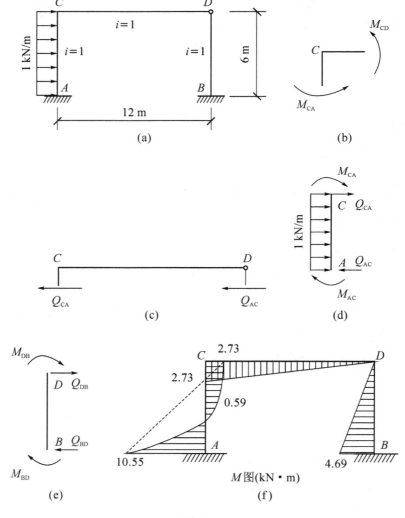

图 10.10

由 $\sum M_C = 0$ 得

$$Q_{CA} = -\frac{6\theta_C - 2\Delta}{6} - \frac{ql}{2} = -\theta_C + \frac{\Delta}{3} - 3$$

同样,取立柱 $DB$ 为隔离体,如图 10.10(e)所示。

由 $\sum M_C = 0$ 得

$$Q_{DB} = \frac{0.5\Delta}{6} = \frac{\Delta}{12}$$

将 $Q_{CA}$、$Q_{DB}$ 代入式(b)得

$$-\theta_C + \frac{\Delta}{3} + \frac{\Delta}{12} - 3 = 0$$

$$-\theta_C + \frac{5}{12}\Delta - 3 = 0 \qquad\qquad (c)$$

③求解基本未知量

联立方程(a)、(c)得位移法基本方程为

$$\begin{cases} 7\theta_C - \Delta + 3 = 0 \\ -\theta_C + \dfrac{5\Delta}{12} - 3 = 0 \end{cases}$$

解得

$$\theta_C = 0.91, \Delta = 9.37$$

(4) 计算各杆端的杆端弯矩

将 $\theta_C$ 和 $\Delta$ 回代转角位移方程得

$$M_{AC} = (2 \times 0.91 - 9.37 - 3) \text{kN} \cdot \text{m} = -10.55 \text{ kN} \cdot \text{m}$$

$$M_{CA} = (4 \times 0.91 - 9.37 + 3) \text{kN} \cdot \text{m} = -2.73 \text{ kN} \cdot \text{m}$$

$$M_{CD} = 3 \times 0.91 \text{ kN} \cdot \text{m} = 2.73 \text{ kN} \cdot \text{m}$$

$$M_{BD} = -0.5 \times 9.37 \text{ kN} \cdot \text{m} = -4.69 \text{ kN} \cdot \text{m}$$

(5) 作弯矩图,根据所求得的杆端弯矩以及杆上荷载,可作出弯矩图,如图 10.10(f)所示。

由此可见,位移法基本未知量中,每一个转角位移有一个相应的结点力矩平衡方程,每一个独立结点线位移有一个相应的柱顶剪力的投影平衡方程。方程的个数和基本未知量的个数相等。因此,可以解出全部基本未知量。

# 任务2　力矩分配法

## 2.1　力矩分配法的基本概念

(1) 转动刚度 $S$

转动刚度表示杆端抵抗转动的能力。为了使杆 $AB$ 某一端(例如 $A$ 端)转动单位转角,

在 $A$ 端所加的力矩称为 $AB$ 杆 $A$ 端的转动刚度,以 $S_{AB}$ 表示。其中产生转角的一端($A$ 端)称为近端,另一端称为远端。对于等截面杆,转动刚度可以根据附录二查得,如图 10.11 所示。

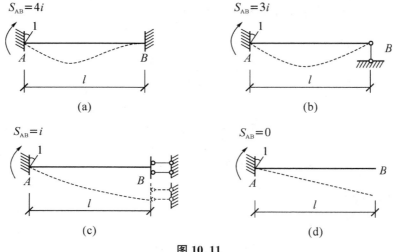

图 10.11

（2）传递系数

传递系数表示当近端有转角时,远端弯矩与近端弯矩的比值,用符号 $C$ 表示。对等截面直杆来说,传递系数 $C$ 由远端支承情况决定,如图 10.12 所示。其数值分别为:远端固定端,$C=0.5$,远端铰支座,$C=0$;远端滑动支座,$C=-1$。

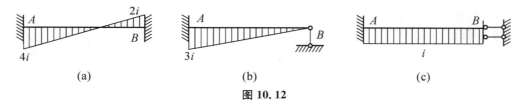

图 10.12

（3）分配系数

如图 10.13（a）所示,在结点 1 上作用有一力偶 $M$,使结点 1 产生转角位移 $\theta$。求各杆近端（转动端）和远端（另一端）的杆端弯矩。

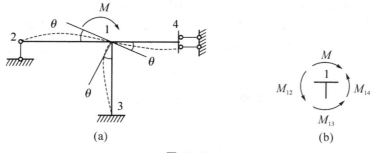

图 10.13

取结点 1 为分离体,如图 10.13（b）所示,

由平衡条件 $\sum M_1 = 0$,得

$$M_{12} + M_{13} + M_{14} = M \qquad (10.1)$$

式(10.1)说明:汇交于刚结点 1 的各杆杆端弯矩之和等于刚结点上的外力偶 $M$;或者说,刚结点 1 的外力偶 $M$ 由汇交于该刚结点的各杆杆端"承担"。

由转动刚度的定义可得:

$$\begin{cases} M_{12} = S_{12}\theta = 3i_{12}\theta \\ M_{13} = S_{13}\theta = 4i_{13}\theta \\ M_{14} = S_{14}\theta = i_{14}\theta \end{cases} \qquad (10.2)$$

将式(10.2)代入到平衡条件(10.1)中,得

$$(S_{12} + S_{13} + S_{14})\theta = (3i_{12} + 4i_{13} + i_{14})\theta = M$$

$$\theta = \frac{M}{S_{12} + S_{13} + S_{14}} = \frac{M}{\sum_1 S}$$

将 $\theta$ 值代入式(10.2),得转动端(近端)的杆端弯矩为:

$$\begin{cases} M_{12} = S_{12}\theta = \dfrac{S_{12}}{\sum_1 S}M \\[2ex] M_{13} = S_{13}\theta = \dfrac{S_{13}}{\sum_1 S}M \\[2ex] M_{14} = S_{14}\theta = \dfrac{S_{14}}{\sum_1 S}M \end{cases} \qquad (10.3)$$

可以用下式表示计算结果:

$$M_{ij}^{\mu} = \mu_{ij}M$$

$$\mu_{ij} = \frac{S_{ij}}{\sum_1 S}$$

我们将 $\mu_{ij}$ 称为分配系数,将 $S_{ij}$ 称为分配弯矩。其中 $i$ 表示转动端,$j$ 表示另一端。由式(10.3)可以得出:

$$\sum \mu_{ij} = 1$$

远端的杆端弯矩,由传递系数的定义可得:

$$M_{ij}^{C} = C_{ij}M_{ij}$$

其中 $C_{ij}$ 称为传递系数;$M_{ij}^{C}$ 为远端的杆端弯矩,称为传递弯矩。

### 2.2　力矩分配法的计算步骤及应用

(1) 固定结点。在计算结点上附加刚臂,将各刚结点看作是锁定的,查附录二计算得到各杆两端的固端弯矩和结点不平衡力矩。

（2）计算各杆的线刚度 $i$、转动刚度 $S$，确定刚结点处各杆的分配系数 $\mu$，并用结点处总分配系数为 1 进行验算。

（3）放松结点。将结点不平衡力矩变号分配得到杆件近端分配弯矩和杆件远端的传递弯矩。

（4）依次对各结点循环进行分配、传递计算，当误差在允许范围内时，终止计算；然后将各杆端的固端弯矩与近端弯矩或传递弯矩进行代数相加，得出最后的杆端弯矩。

（5）根据最终杆端弯矩值及弯矩的正负号规定绘制弯矩图。

**例 10.4**　用力矩分配法计算如图 10.14(a)所示单结点超静定连续梁，画出弯矩图。

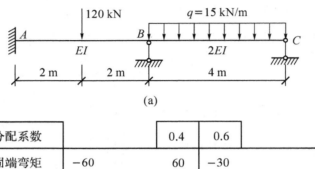

(a)

| 分配系数 | | | 0.4 | 0.6 | |
|---|---|---|---|---|---|
| 固端弯矩 | −60 | | 60 | −30 | 0 |
| 分配及传递弯矩 | −6 | ← | −12 | −18 | → 0 |
| 杆端最终弯矩 | 66 | | 48 | 48 | 0 |

(b)

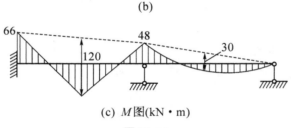

(c) $M$ 图(kN·m)

**图 10.14**

**解：**（1）固定结点 $B$，查附录二计算出 $AB$ 杆和 $BC$ 杆各杆端的固端弯矩。

$$M_{AB}^F = -\frac{Fl}{8} = -\frac{120 \times 4}{8} = -60 \text{ kN·m}$$

$$M_{BA}^F = \frac{Fl}{8} = \frac{120 \times 4}{8} = 60 \text{ kN·m}$$

$$M_{BC}^F = -\frac{ql^2}{8} = -\frac{15 \times 4^2}{8} = -30 \text{ kN·m}$$

$$M_{CB}^F = 0$$

（2）计算 $B$ 结点上的不平衡力矩

$$M_{\mathrm{B}}^{F} = M_{\mathrm{BA}}^{F} + M_{\mathrm{BC}}^{F} = 60 - 30 = 30 \text{ kN} \cdot \text{m}$$

（3）计算各杆的线刚度、转动刚度与分配系数

线刚度：

$$i_{\mathrm{AB}} = \frac{EI}{4} \quad i_{BC} = \frac{2EI}{4} = \frac{EI}{2}$$

转动刚度：

$$S_{\mathrm{BA}} = 4i_{\mathrm{AB}} = EI \quad S_{\mathrm{BC}} = 3i_{\mathrm{BC}} = \frac{3EI}{2}$$

分配系数：

$$\mu_{\mathrm{BA}} = \frac{S_{\mathrm{BA}}}{S_{\mathrm{BA}} + S_{\mathrm{BC}}} = \frac{EI}{EI + \dfrac{3EI}{2}} = 0.4$$

$$\mu_{\mathrm{BC}} = \frac{S_{\mathrm{BC}}}{S_{\mathrm{BA}} + S_{\mathrm{BC}}} = \frac{\dfrac{3EI}{2}}{EI + \dfrac{3EI}{2}} = 0.6$$

（4）放松结点，计算分配弯矩和传递弯矩，填入计算表中，如图 10.14（b）所示。

将结点不平衡力矩变号，乘以分配系数，得到分配弯矩：

$$M_{\mathrm{BA}}^{\mu} = \mu_{\mathrm{BA}}(-M_{\mathrm{B}}^{F}) = 0.4 \times (-30) = -12 \text{ kN} \cdot \text{m}$$

$$M_{\mathrm{BC}}^{\mu} = \mu_{\mathrm{BC}}(-M_{\mathrm{B}}^{F}) = 0.6 \times (-30) = -18 \text{ kN} \cdot \text{m}$$

分配弯矩下面画一横线，如图 10.14（b）所示第 3 行，表示结点已经放松，达到平衡。

将分配弯矩乘以传递系数，得到传递弯矩：

$$M_{\mathrm{AB}}^{C} = C_{\mathrm{BA}} M_{\mathrm{BA}}^{\mu} = \frac{1}{2} \times (-12) = -6 \text{ kN} \cdot \text{m}$$

$$M_{\mathrm{BC}}^{C} = 0$$

（5）叠加计算，得出最终的杆端弯矩。杆端弯矩如图 10.14（b）所示第 4 行，下面画双横线表示计算完成。

（6）绘制梁的弯矩图，如图 10.14（c）所示。

**例 10.5**　用力矩分配法计算如图 10.15（a）所示两结点多跨超静定梁，画出梁的弯矩图。

**解：**（1）固定结点。固定结点 $B$ 和 $C$，计算各杆的固端弯矩：

$$M_{\mathrm{AB}}^{F} = 0$$

$$M_{\mathrm{BA}}^{F} = \frac{3Fl}{16} = \frac{3}{16} \times 50 \times 2 = 18.75 \text{ kN} \cdot \text{m}$$

$$M_{\mathrm{BC}}^{F} = -\frac{ql^{2}}{12} = -\frac{20 \times 3^{2}}{12} = -15 \text{ kN} \cdot \text{m}$$

$$M_{CB}^F = \frac{ql^2}{12} = \frac{20 \times 3^2}{12} = 15 \text{ kN} \cdot \text{m}$$

$$M_{CD}^F = M_{DC}^F = 0$$

（2）计算 $B$、$C$ 结点上的不平衡力矩

$$M_B^F = M_{BA}^F + M_{BC}^F = 18.75 - 15 = 3.75 \text{ kN} \cdot \text{m}$$

$$M_B^F = M_{CB}^F + M_{CD}^F = 15 + 0 = 15 \text{ kN} \cdot \text{m}$$

（3）计算分配系数。分别计算相交于结点 $B$ 和结点 $C$ 的各杆杆端的分配系数：

$$\mu_{BA} = \frac{S_{BA}}{S_{BA} + S_{BC}} = \frac{6EI}{6EI + 12EI} = \frac{1}{3}$$

$$\mu_{BC} = \frac{S_{BC}}{S_{BA} + S_{BC}} = \frac{12EI}{6EI + 12EI} = \frac{2}{3}$$

$$\mu_{CB} = \frac{S_{CB}}{S_{CB} + S_{CD}} = \frac{12EI}{12EI + 8EI} = \frac{3}{5}$$

（4）放松结点，计算分配弯矩和传递弯矩，填入计算表中，如图 10.15（b）所示。

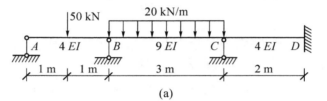

(a)

| 分配系数 | | 1/3 | 2/3 | | 3/5 | 2/5 | |
|---|---|---|---|---|---|---|---|
| 固端弯矩 | 0 | 18.75 | −15 | | 15 | 0 | 0 |
| 分配弯矩 | | | −4.5 ← | | −9 | −6 → | −3 |
| | 0 ← | 0.25 | 0.50 → | | 0.25 | | |
| 及 | | | −0.07 ← | | −0.15 | −0.10 → | −0.05 |
| 传递弯矩 | | 0.02 | 0.05 | | | | |
| 杆端最终弯矩 | 0 | 19.02 | 19.02 | | 6.10 | −6.10 | −3.05 |

(b)

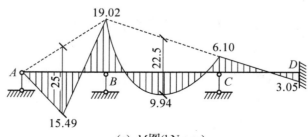

(c) $M$ 图（kN·m）

**图 10.15**

　　①首先放松 $C$ 结点（$B$ 结点固定），$C$ 结点的不平衡力矩为 15 kN·m，将 $C$ 结点的不平衡力矩变号分配并进行传递，完成后 $C$ 结点暂时处于平衡状态，然后重新固定 $C$ 结点。接着放松 $B$ 结点，$B$ 结点处的不平衡力矩除了开始计算的 3.75 kN·m 外，还有 $C$ 结点传过来的传递弯矩，所以 $B$ 结点处的不平衡力矩为：3.75－4.5＝－0.75 kN·m。放松 $B$ 结点，将不平衡力矩变号分配并进行传递，$B$ 结点暂时处于平衡状态，然后重新锁定 $B$ 结点。第一轮计算完成。

　　②原来 $C$ 结点处于平衡状态，但是现在 $B$ 结点处传来一个传递弯矩，形成一个新的不平衡力矩－0.75 kN·m，所以必须开始新一轮计算。

　　③第二轮计算结束后，如果新的不平衡力矩值很小，在允许误差范围内，则可以停止计算，否则应继续下一轮计算。

　　（5）停止分配、传递计算后，将杆端所有固端弯矩、分配弯矩、传递弯矩（即表中同一列的弯矩值）代数相加，得到杆端最终弯矩，如图 10.15(b) 所示。

　　注意：放松结点的顺序可以任意取，并不影响最后的结果。但先放松结点不平衡力矩绝对值较大的结点可以缩短计算过程。这里先放松 $C$ 结点，也可以同时放松两结点，但是会加长计算过程。

　　（6）绘制梁的弯矩图，如图 10.15(c) 所示。

**例 10.6**　用力矩分配法计算如图 10.16(a) 所示超静定刚架，画出刚架的弯矩图。

**解：**（1）计算杆端分配系数

令

$$\frac{EI}{6}=i,i_{\mathrm{BA}}=i_{\mathrm{BC}}=\frac{2EI}{6}=2i,i_{\mathrm{BD}}=i_{\mathrm{CE}}=i$$

$$\mu_{\mathrm{BA}}=\frac{S_{\mathrm{BA}}}{S_{\mathrm{BA}}+S_{\mathrm{BC}}+S_{\mathrm{BD}}}=\frac{4\times2i}{4\times2i+4\times2i+4i}=0.4$$

$$\mu_{\mathrm{BC}}=\frac{S_{\mathrm{BC}}}{S_{\mathrm{BA}}+S_{\mathrm{BC}}+S_{\mathrm{BD}}}=\frac{4\times2i}{4\times2i+4\times2i+4i}=0.4$$

$$\mu_{\mathrm{BD}}=\frac{S_{\mathrm{BD}}}{S_{\mathrm{BA}}+S_{\mathrm{BC}}+S_{\mathrm{BD}}}=\frac{4i}{4\times2i+4\times2i+4i}=0.2$$

$$\mu_{\mathrm{CB}}=\frac{S_{\mathrm{CB}}}{S_{\mathrm{CB}}+S_{\mathrm{CE}}}=\frac{4\times2i}{4\times2i+4i}=0.667$$

$$\mu_{\mathrm{CE}}=\frac{S_{\mathrm{CE}}}{S_{\mathrm{CB}}+S_{\mathrm{CE}}}=\frac{4i}{4\times2i+4i}=0.333$$

校核：

$$\sum\mu_{\mathrm{B}j}=\mu_{\mathrm{BA}}+\mu_{\mathrm{BC}}+\mu_{\mathrm{BD}}=1,\sum\mu_{\mathrm{C}j}=\mu_{\mathrm{CB}}+\mu_{\mathrm{CE}}=1$$

　　（2）计算固端弯矩、分配弯矩及传递弯矩

　　该刚架有两个刚结点 $B$ 和 $C$，附加刚臂如图 10.16(b) 所示，

　　求出其固端弯矩：

$$M_{\mathrm{AB}}^{F}=-\frac{12\times6^{2}}{12}=-36\text{ kN·m},M_{\mathrm{BA}}^{F}=\frac{12\times6^{2}}{12}=36\text{ kN·m}$$

$$M_{\mathrm{BC}}^{F}=-\frac{30\times6}{8}=-22.5\text{ kN·m},M_{\mathrm{CB}}^{F}=\frac{30\times6}{8}=22.5\text{ kN·m}$$

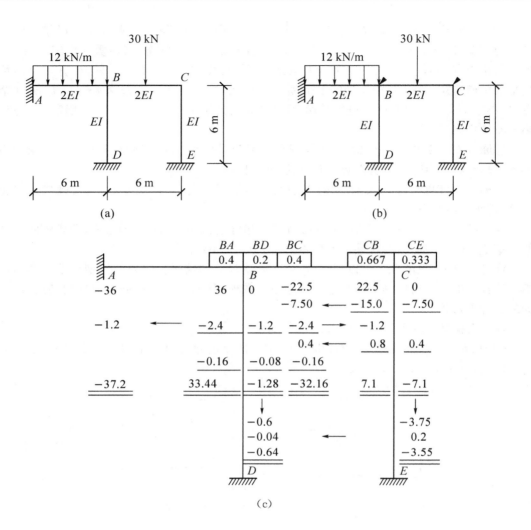

(a)

(b)

(c)

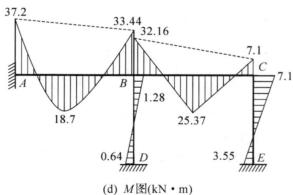

(d) $M$图(kN·m)

图 10.16

其余杆端的固端弯矩均为零。

结点 $B$ 和 $C$ 的不平衡力矩分别为

$$\sum M_{Bj} = M_{BA}^F + M_{BC}^F + M_{BD}^F = 36 \text{ kN} \cdot \text{m} - 22.5 \text{ kN} \cdot \text{m} + 0 = 13.5 \text{ kN} \cdot \text{m}$$

$$\sum M_{Cj}^F = M_{CB}^F + M_{CE}^F = 22.5 \text{ kN} \cdot \text{m} + 0 = 22.5 \text{ kN} \cdot \text{m}$$

循环计算步骤同例 10.5,具体的运算过程如图 10.16(c)所示。

（3）绘制弯矩图如图 10.16(d)所示。

通过例题可知,用力矩分配法计算多结点的连续梁和刚架时需注意,放松结点时,通常先从不平衡力矩最大的结点开始放松,如果有不相邻的结点,则可以同时放松。这样每个结点放松过程相当于单结点的力矩分配和传递。循环重复以上步骤,直到结点的不平衡力矩非常小时停止上述循环过程。一般情况下,需要进行二到三轮的计算。

力矩分配法计算过程中需要注意以下两点：

①在运用力矩分配法解题的过程中,变形过程被想象成两个阶段。第一阶段是固定结点,加载,得到的是固端弯矩;第二阶段是放松结点,产生的力矩是分配弯矩与传递弯矩。

②在对结点不平衡力矩进行分配之前,必须明确被分配的力矩有多大,是正值还是负值,认定无误之后再进行分配。

## 项目小结 ◀

位移法以结点位移作为基本未知量,根据静力平衡条件求解基本未知量。计算时将整个结构拆成单杆,分别计算各个杆件的杆端弯矩。杆件的杆端弯矩由固端弯矩和位移弯矩两部分组成,固端弯矩和位移弯矩均可查附录二获得,根据查表结果写出含有基本未知量的转角位移方程,接着根据静力平衡条件求解基本未知量,将解得的基本未知量代回转角位移方程就得到了杆端弯矩,最后绘制弯矩图,同时根据弯矩图及静力平衡条件可计算剪力、轴力,并绘制剪力图与轴力图。

## 思考与练习 ◀

1. 用位移法计算如图 10.17 所示连续梁,并绘出弯矩图。各杆 $EI$ 相同且为常数。

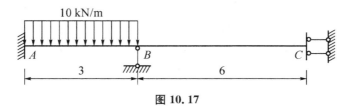

10 kN/m

$A$　　　　　$B$　　　　　　　　$C$

3　　　　　　　　6

**图 10.17**

2. 用位移法计算如图 10.18 所示刚架,并绘制弯矩图。

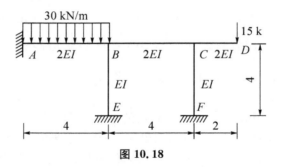

**图 10.18**

3. 用位移法计算如图 10.19 所示刚架,并绘出弯矩图。

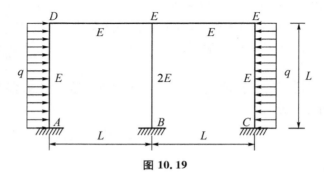

**图 10.19**

4. 用力矩分配法计算如图 10.20 所示连续梁,作 $M$ 图。

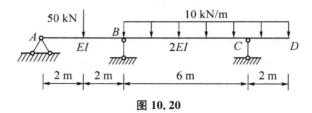

**图 10.20**

5. 用力矩分配法计算如图 10.21 所示连续梁,作 $M$ 图,已知 $EI=$ 常数。

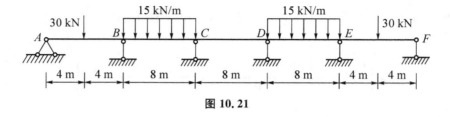

**图 10.21**

# 附　录

## 附录一　截面的几何性质

### 1.1　截面的静矩和形心位置

如图 1.1 所示平面图形代表一任意截面,以下两积分

$$\begin{cases} S_z = \int_A y\,\mathrm{d}A \\ S_y = \int_A z\,\mathrm{d}A \end{cases} \tag{1.1}$$

分别定义为该截面对于 $z$ 轴和 $y$ 轴的静矩。

静矩可用来确定截面的形心位置。由静力学中确定物体重心的公式可得

$$\begin{cases} y_C = \dfrac{\int_A y\,\mathrm{d}A}{A} \\ z_C = \dfrac{\int_A z\,\mathrm{d}A}{A} \end{cases}$$

利用公式(1.1),上式可写成

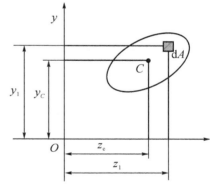

**图 1.1**

$$\begin{cases} y_C = \dfrac{\int_A y\,\mathrm{d}A}{A} = \dfrac{S_z}{A} \\ z_C = \dfrac{\int_A z\,\mathrm{d}A}{A} = \dfrac{S_y}{A} \end{cases} \tag{1.2}$$

或

$$\begin{cases} S_z = A y_C \\ S_y = A z_C \end{cases} \tag{1.3}$$

$$
\begin{cases}
y_C = \dfrac{S_z}{A} \\[2mm]
z_C = \dfrac{S_y}{A}
\end{cases}
\qquad (1.4)
$$

如果一个平面图形是由若干个简单图形组成的组合图形,则由静矩的定义可知,整个图形对某一坐标轴的静矩应该等于各简单图形对同一坐标轴的静矩的代数和。即:

$$
\begin{cases}
S_z = \displaystyle\sum_{i=1}^{n} A_i y_{Ci} \\[4mm]
S_y = \displaystyle\sum_{i=1}^{n} A_i z_{Ci}
\end{cases}
\qquad (1.5)
$$

式中 $A_i$、$y_{Ci}$ 和 $z_{Ci}$ 分别表示某一组成部分的面积和其形心坐标,$n$ 为简单图形的个数。

将式(1.5)代入式(1.4),得到组合图形形心坐标的计算公式为

$$
\begin{cases}
y_C = \dfrac{\displaystyle\sum_{i=1}^{n} A_i y_{Ci}}{\displaystyle\sum_{i=1}^{n} A_i} \\[8mm]
z_C = \dfrac{\displaystyle\sum_{i=1}^{n} A_i z_{Ci}}{\displaystyle\sum_{i=1}^{n} A_i}
\end{cases}
\qquad (1.6)
$$

**例题 1.1**　图 1.2 所示为对称 T 形截面,求该截面的形心位置。

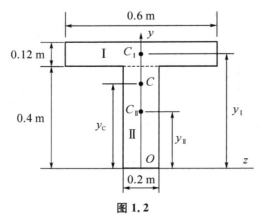

**图 1.2**

**解:** 建立直角坐标系 $zOy$,其中 $y$ 为截面的对称轴。因图形相对于 $y$ 轴对称,其形心一定在该对称轴上,因此 $z_C = 0$,只需计算 $y_C$ 值。将截面分成 Ⅰ、Ⅱ 两个矩形,则

$$A_{\rm I} = 0.072 \ {\rm m}^2, A_{\rm II} = 0.08 \ {\rm m}^2$$

$$y_{\rm I} = 0.46 \ {\rm m}, y_{\rm II} = 0.2 \ {\rm m}$$

$$y_C = \frac{\sum\limits_{i=1}^{n} A_i y_{Ci}}{\sum\limits_{i=1}^{n} A_i} = \frac{A_\mathrm{I} y_\mathrm{I} + A_\mathrm{II} y_\mathrm{II}}{A_\mathrm{I} + A_\mathrm{II}}$$

$$= \frac{0.072 \times 0.46 + 0.08 \times 0.2}{0.072 + 0.08} = 0.323\,\mathrm{m}$$

## 1.2　惯性矩、惯性积和极惯性矩

如图 1.3 所示平面图形代表一任意截面,在图形平面内建立直角坐标系 $zOy$。现在图形内取微面积 $\mathrm{d}A$,$\mathrm{d}A$ 的形心在坐标系 $zOy$ 中的坐标为 $y$ 和 $z$,到坐标原点的距离为 $\rho$。现定义 $y^2 \mathrm{d}A$ 和 $z^2 \mathrm{d}A$ 为微面积 $\mathrm{d}A$ 对 $z$ 轴和 $y$ 轴的惯性矩,$\rho^2 \mathrm{d}A$ 为微面积 $\mathrm{d}A$ 对坐标原点的极惯性矩,而以下三个积分分别定义为该截面对于 $z$ 轴和 $y$ 轴的惯性矩以及对坐标原点的极惯性矩。

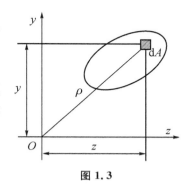

图 1.3

$$\begin{cases} I_z = \displaystyle\int_A y^2 \mathrm{d}A \\[2mm] I_y = \displaystyle\int_A z^2 \mathrm{d}A \\[2mm] I_\rho = \displaystyle\int_A \rho^2 \mathrm{d}A \end{cases} \tag{1.7}$$

由图 1.3 可见,$\rho^2 = y^2 + z^2$,所以有

$$I_\rho = \int_A \rho^2 \mathrm{d}A = \int_A (y^2 + z^2) \mathrm{d}A = I_z + I_y \tag{1.8}$$

即任意截面对一点的极惯性矩,等于截面对以该点为原点的两任意正交坐标轴的惯性矩之和。

另外,微面积 $\mathrm{d}A$ 与它到两轴距离的乘积 $zy\mathrm{d}A$ 称为微面积 $\mathrm{d}A$ 对 $y$、$z$ 轴的惯性积,而积分

$$I_{yz} = \int_A zy\mathrm{d}A \tag{1.9}$$

定义为该截面对于 $y$、$z$ 轴的惯性积。

从上述定义可见,同一截面对于不同坐标轴的惯性矩和惯性积一般是不同的。惯性矩的数值恒为正值,而惯性积则可能为正,可能为负,也可能等于零。惯性矩和惯性积的常用单位是 $\mathrm{m}^4$ 或 $\mathrm{mm}^4$。

## 1.3　惯性矩、惯性积的平行移轴和转轴公式

1. 惯性矩、惯性积的平行移轴公式

如图 1.4 所示为一任意截面,$z$、$y$ 为通过截面形心的一对正交轴,$z_1$、$y_1$ 为与 $z$、$y$ 平行

的坐标轴,截面形心 $C$ 在坐标系 $z_1 O y_1$ 中的坐标为$(b,a)$,已知截面对 $z$、$y$ 轴惯性矩和惯性积为 $I_z$、$I_y$、$I_{yz}$,下面求截面对 $z_1$、$y_1$ 轴惯性矩和惯性积 $I_{z_1}$、$I_{y_1}$、$I_{y_1 z_1}$。

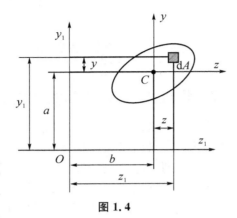

图 1.4

$$I_{z_1} = I_z + a^2 A \tag{1.10}$$

同理可得

$$I_{y_1} = I_y + b^2 A \tag{1.11}$$

式(1.10)、(1.11)称为惯性矩的平行移轴公式。

下面求截面对 $y_1$、$z_1$ 轴的惯性积 $I_{y_1 z_1}$。根据定义

$$
\begin{aligned}
I_{y_1 z_1} &= \int_A z_1 y_1 \mathrm{d}A = \int_A (z+b)(y+a)\mathrm{d}A \\
&= \int_A zy\mathrm{d}A + a\int_A z\mathrm{d}A + b\int_A y\mathrm{d}A + ab\int_A \mathrm{d}A \\
&= I_{yz} + aS_y + bS_z + abA
\end{aligned}
$$

由于 $z$、$y$ 轴是截面的形心轴,所以 $S_z = S_y = 0$,即

$$I_{y_1 z_1} = I_{yz} + abA \tag{1.12}$$

式(1.12)称为惯性积的平行移轴公式。

2. 惯性矩、惯性积的转轴公式

如图 1.5 所示为一任意截面,$z$、$y$ 为过任一点 $O$ 的一对正交轴,截面对 $z$、$y$ 轴惯性矩 $I_z$、$I_y$ 和惯性积 $I_{yz}$ 已知。现将 $z$、$y$ 轴绕 $O$ 点旋转 $\alpha$ 角(以逆时针方向为正)得到另一对正交轴 $z_1$、$y_1$ 轴,下面求截面对 $z_1$、$y_1$ 轴惯性矩和惯性积 $I_{z_1}$、$I_{y_1}$、$I_{y_1 z_1}$。

$$I_{z_1} = \frac{I_z + I_y}{2} + \frac{I_z - I_y}{2}\cos 2\alpha - I_{yz}\sin 2\alpha \tag{1.13}$$

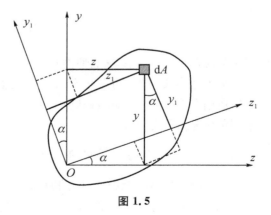

图 1.5

同理可得

$$I_{y_1} = \frac{I_z + I_y}{2} - \frac{I_z - I_y}{2}\cos 2\alpha + I_{yz}\sin 2\alpha \tag{1.14}$$

$$I_{y_1 z_1} = \frac{I_z - I_y}{2}\sin 2\alpha + I_{yz}\cos 2\alpha \tag{1.15}$$

式(1.13)、(1.14)称为惯性矩的转轴公式,式(1.15)称为惯性积的转轴公式。

## 1.4　形心主轴和形心主惯性矩

### 1. 主惯性轴、主惯性矩

由式(1.15)可以发现,当 $\alpha = 0°$,即两坐标轴互相重合时,$I_{y_1 z_1} = I_{yz}$;当 $\alpha = 90°$ 时,$I_{y_1 z_1} = -I_{yz}$,因此必定有这样的一对坐标轴,使截面对它的惯性积为零。通常把这样的一对坐标轴称为截面的主惯性轴,简称主轴,截面对主轴的惯性矩称为主惯性矩。

假设将 $z$、$y$ 轴绕 $O$ 点旋转 $\alpha_0$ 角得到主轴 $z_0$、$y_0$,由主轴的定义

$$I_{y_0 z_0} = \frac{I_z - I_y}{2}\sin 2\alpha_0 + I_{yz}\cos 2\alpha_0 = 0$$

从而得

$$\tan 2\alpha_0 = \frac{-2I_{yz}}{I_z - I_y} \tag{1.16}$$

式(1.16)就是确定主轴的公式,式中负号放在分子上,为的是和下面两式相符。这样确定的 $\alpha_0$ 角就使得 $I_{z_0}$ 等于 $I_{max}$。

由式(1.16)及三角公式可得

$$\cos 2\alpha_0 = \frac{I_z - I_y}{\sqrt{(I_z - I_y)^2 + 4I_{yz}^2}}$$

$$\sin 2\alpha_0 = \frac{-2I_{yz}}{\sqrt{(I_z - I_y)^2 + 4I_{yz}^2}}$$

将此二式代入到式(1.13)、(1.14)便可得到截面对主轴 $z_0$、$y_0$ 的主惯性矩

$$\begin{cases} I_{z_0} = \dfrac{I_z + I_y}{2} + \dfrac{1}{2}\sqrt{(I_z - I_y)^2 + 4I_{yz}^2} \\ I_{y_0} = \dfrac{I_z + I_y}{2} - \dfrac{1}{2}\sqrt{(I_z - I_y)^2 + 4I_{yz}^2} \end{cases} \tag{1.17}$$

### 2. 形心主轴、形心主惯性矩

通过截面上的任何一点均可找到一对主轴。通过截面形心的主轴叫做形心主轴,截面对形心主轴的惯性矩叫做形心主惯性矩。

**例题 1.2**　求例 1.1 中截面的形心主惯性矩。

**解**:在例题 1.1 中已求出形心位置为

$$z_C = 0, y_C = 0.323 \text{ m}$$

过形心的主轴 $z_0$、$y_0$，$z_0$ 轴到两个矩形形心的距离分别为

$$a_{\text{I}} = 0.137 \text{ m}, a_{\text{II}} = 0.123 \text{ m}$$

截面对 $z_0$ 轴的惯性矩为两个矩形对 $z_0$ 轴的惯性矩之和，即

$$
\begin{aligned}
I_{z_0} &= I_{z_{\text{I}}}^{\text{I}} + A_{\text{I}} a_{\text{I}}^2 + I_{z_{\text{II}}}^{\text{II}} + A_{\text{II}} a_{\text{II}}^2 \\
&= \frac{0.6 \times 0.12^3}{12} + 0.6 \times 0.12 \times 0.137^2 + \frac{0.2 \times 0.4^3}{12} + 0.2 \times 0.4 \times 0.123^2 \\
&= 0.37 \times 10^{-2} \text{ m}^4
\end{aligned}
$$

截面对 $y_0$ 轴惯性矩为

$$I_{y_0} = I_{y_0}^{\text{I}} + I_{y_0}^{\text{II}} = \frac{0.12 \times 0.6^3}{12} + \frac{0.4 \times 0.2^3}{12} = 0.243 \times 10^{-2} \text{ m}^4$$

## 附录二　等截面超静定杆的杆端弯矩和内力表

| 编号 | 梁的简图 | 弯矩 | | 剪力 | |
|---|---|---|---|---|---|
| | | $M_{AB}$ | $M_{BA}$ | $F_{QAB}$ | $F_{QBA}$ |
| 1 | | $\dfrac{4EI}{l}=4i$ | $\dfrac{2EI}{l}=2i$ | $-\dfrac{6EI}{l^2}=-6\dfrac{i}{l}$ | $-\dfrac{6EI}{l^2}=-6\dfrac{i}{l}$ |
| 2 | | $-\dfrac{6EI}{l^2}=-6\dfrac{i}{l}$ | $-\dfrac{6EI}{l^2}=-6\dfrac{i}{l}$ | $\dfrac{12EI}{l^3}=12\dfrac{i}{l^2}$ | $\dfrac{12EI}{l^3}=12\dfrac{i}{l^2}$ |
| 3 | | $-\dfrac{F_P ab^2}{l^2}$ <br> $(a=b):-\dfrac{F_P l}{8}$ | $\dfrac{F_P a^2 b}{l^2}$ <br> $-\dfrac{F_P l}{8}$ | $\dfrac{F_P b^2(l+2a)}{l^3}$ <br> $\dfrac{F_P}{2}$ | $\dfrac{F_P a^2(l+2b)}{l^3}$ <br> $-\dfrac{F_P}{2}$ |
| 4 | | $-\dfrac{1}{12}ql^2$ | $\dfrac{1}{12}ql^2$ | $\dfrac{1}{2}ql$ | $-\dfrac{1}{2}ql$ |
| 5 | | $-\dfrac{1}{20}ql^2$ | $\dfrac{1}{30}ql^2$ | $\dfrac{7}{20}ql$ | $-\dfrac{3}{20}ql$ |
| 6 | | $\dfrac{b(3a-l)}{l^2}M$ <br> $(a=b):\dfrac{M}{4}$ | $\dfrac{a(3b-l)}{l^2}M$ <br> $\dfrac{M}{4}$ | $-\dfrac{6ab}{l^3}M$ <br> $-\dfrac{3M}{2l}$ | $-\dfrac{6ab}{l^3}M$ <br> $-\dfrac{3M}{2l}$ |
| 7 | | $\dfrac{3EI}{l}=3i$ | 0 | $-\dfrac{3EI}{l^2}=-3\dfrac{i}{l}$ | $-\dfrac{3EI}{l^2}=-3\dfrac{i}{l}$ |
| 8 | | $-\dfrac{3EI}{l^2}=-3\dfrac{i}{l}$ | 0 | $\dfrac{3EI}{l^3}=3\dfrac{i}{l^2}$ | $\dfrac{3EI}{l^3}=3\dfrac{i}{l^2}$ |
| 9 | | $-\dfrac{F_P ab(l+b)}{2l^2}$ <br> $(a=b):$ <br> $-\dfrac{3}{16}F_P l$ | 0 | $-\dfrac{F_P b(3l^2-b^2)}{2l^3}$ <br> $\dfrac{11}{16}F_P$ | $-\dfrac{F_P a^2(2l+b)}{2l^3}$ <br> $-\dfrac{5}{16}F_P$ |

| 编号 | 梁的简图 | 弯矩 | | 剪力 | |
|---|---|---|---|---|---|
| | | $M_{AB}$ | $M_{BA}$ | $F_{QAB}$ | $F_{QBA}$ |
| 10 | | $-\dfrac{1}{8}ql^2$ | $0$ | $\dfrac{5}{8}ql$ | $-\dfrac{3}{8}ql$ |
| 11 | | $-\dfrac{1}{15}ql^2$ | $0$ | $\dfrac{4}{10}ql$ | $-\dfrac{1}{10}ql$ |
| 12 | | $-\dfrac{7}{120}ql^2$ | $0$ | $\dfrac{9}{40}ql$ | $-\dfrac{11}{40}ql$ |
| 13 | | $\dfrac{l^2-3b^2}{2l^2}M$ <br><br> $\dfrac{M}{8}$ | $0$ <br> $(a<l)$ | $-\dfrac{3(l^2-b^2)}{2l^3}M$ <br><br> $-\dfrac{9}{8l}M$ | $-\dfrac{3(l^2-b^2)}{2l^3}M$ <br><br> $-\dfrac{9}{8l}M$ |
| 14 | | $\dfrac{EI}{l}=i$ | $-\dfrac{EI}{l}=-i$ | $0$ | $0$ |
| 15 | | $\dfrac{F_Pa(l+b)}{2l}$ <br><br> $-\dfrac{3F_Pl}{8}$ | $-\dfrac{F_Pa^2}{2l}$ <br><br> $-\dfrac{F_Pl}{8}$ | $F_P$ | $0$ |
| 16 | | $-\dfrac{1}{3}ql^2$ | $-\dfrac{1}{6}ql^2$ | $ql$ | $0$ |
| 17 | | $-\dfrac{1}{8}ql^2$ | $-\dfrac{1}{24}ql^2$ | $\dfrac{1}{2}ql$ | $0$ |
| 18 | | $-\dfrac{5}{24}ql^2$ | $-\dfrac{1}{8}ql^2$ | $\dfrac{1}{2}ql$ | $0$ |
| 19 | | $-M\dfrac{b}{l}$ <br><br> $(a=b):-\dfrac{M}{2}$ | $-M\dfrac{a}{l}$ <br><br> $-\dfrac{M}{2}$ | $0$ | $0$ |

## 附录三　常用型钢表

### 一、热轧等边角钢(GB 9787—1988)

符号意义:

$b$——边宽度;　　　　$I$——惯性矩;

$d$——边厚度;　　　　$i$——惯性半径;

$r$——内圆弧半径;　　$W$——截面系数;

$r_1$——边端内圆弧半径;　$z_0$——重心距离。

| 角钢号数 | 尺寸(mm) $b$ | $d$ | $r$ | 截面面积 cm² | 理论重量 kg/m | 外表面积 m²/m | $x-x$ $I_x$ cm⁴ | $i_x$ cm | $W_x$ cm³ | $x_0-x_0$ $I_{x0}$ cm⁴ | $i_{x0}$ cm | $W_{x0}$ cm³ | $y_0-y_0$ $I_{y0}$ cm⁴ | $i_{y0}$ cm | $W_{y0}$ cm³ | $x_1-x_1$ $I_{x1}$ cm⁴ | $z_0$ cm |
|---|---|---|---|---|---|---|---|---|---|---|---|---|---|---|---|---|---|
| 2 | 20 | 3 | 3.5 | 1.132 | 0.889 | 0.078 | 0.40 | 0.59 | 0.29 | 0.63 | 0.75 | 0.45 | 0.17 | 0.39 | 0.20 | 0.81 | 0.60 |
|  | 20 | 4 |  | 1.459 | 1.145 | 0.077 | 0.50 | 0.58 | 0.36 | 0.78 | 0.73 | 0.55 | 0.22 | 0.38 | 0.24 | 1.09 | 0.64 |
| 2.5 | 25 | 3 |  | 1.432 | 1.124 | 0.098 | 0.82 | 0.76 | 0.46 | 1.29 | 0.95 | 0.73 | 0.34 | 0.49 | 0.33 | 1.57 | 0.73 |
|  | 25 | 4 |  | 1.859 | 1.459 | 0.097 | 1.03 | 0.74 | 0.59 | 1.62 | 0.93 | 0.92 | 0.43 | 0.48 | 0.40 | 2.11 | 0.76 |

（续表）

| 角钢号数 | 尺寸(mm) | | | 截面面积 cm² | 理论重量 kg/m | 外表面积 m²/m | 参考数值 | | | | | | | | | | | |
| | b | d | r | | | | $x-x$ | | | $x_0-x_0$ | | | $y_0-y_0$ | | | $x_1-x_1$ | $z_0$ |
| | | | | | | | $I_x$ cm⁴ | $i_x$ cm | $W_x$ cm³ | $I_{x0}$ cm⁴ | $i_{x0}$ cm | $W_{x0}$ cm³ | $I_{y0}$ cm⁴ | $i_{y0}$ cm | $W_{y0}$ cm³ | $I_{x1}$ cm⁴ | cm |
| 3.0 | 30 | 3 | 4.5 | 1.749 | 1.373 | 0.117 | 1.46 | 0.91 | 0.68 | 2.31 | 1.15 | 1.09 | 0.61 | 0.59 | 0.51 | 2.71 | 0.85 |
| | | 4 | | 2.276 | 1.786 | 0.117 | 1.84 | 0.90 | 0.87 | 2.92 | 1.13 | 1.37 | 0.77 | 0.58 | 0.62 | 3.63 | 0.89 |
| 3.6 | 36 | 3 | 4.5 | 2.109 | 1.656 | 0.141 | 2.58 | 1.11 | 0.99 | 4.09 | 1.39 | 1.61 | 1.07 | 0.71 | 0.76 | 4.68 | 1.00 |
| | | 4 | | 2.756 | 2.163 | 0.141 | 3.29 | 1.09 | 1.28 | 5.22 | 1.38 | 2.05 | 1.37 | 0.70 | 0.93 | 6.25 | 1.04 |
| | | 5 | | 3.382 | 2.654 | 0.141 | 3.95 | 1.08 | 1.56 | 6.24 | 1.36 | 2.45 | 1.65 | 0.70 | 1.09 | 7.84 | 1.07 |
| 4.0 | 40 | 3 | 5 | 2.359 | 1.852 | 0.157 | 3.59 | 1.23 | 1.23 | 5.69 | 1.55 | 2.01 | 1.49 | 0.79 | 0.96 | 6.41 | 1.09 |
| | | 4 | | 3.086 | 2.422 | 0.157 | 4.60 | 1.22 | 1.60 | 7.29 | 1.54 | 2.58 | 1.91 | 0.79 | 1.19 | 8.56 | 1.13 |
| | | 5 | | 3.791 | 2.976 | 0.156 | 5.53 | 1.21 | 1.96 | 8.76 | 1.52 | 3.01 | 2.30 | 0.78 | 1.39 | 10.74 | 1.17 |
| 4.5 | 45 | 3 | 5 | 2.659 | 2.088 | 0.177 | 5.17 | 1.40 | 1.58 | 8.20 | 1.76 | 2.58 | 2.14 | 0.90 | 1.24 | 9.12 | 1.22 |
| | | 4 | | 3.486 | 2.736 | 0.177 | 6.65 | 1.38 | 2.05 | 10.56 | 1.74 | 3.32 | 2.75 | 0.89 | 1.54 | 12.18 | 1.26 |
| | | 5 | | 4.292 | 3.369 | 0.176 | 8.04 | 1.37 | 2.51 | 12.74 | 1.72 | 4.00 | 3.33 | 0.88 | 1.81 | 15.25 | 1.30 |
| | | 6 | | 5.076 | 3.985 | 0.176 | 9.33 | 1.36 | 2.95 | 14.76 | 1.70 | 4.64 | 3.89 | 0.88 | 2.06 | 18.36 | 1.33 |
| 5.0 | 50 | 3 | 5.5 | 2.971 | 2.332 | 0.197 | 7.18 | 1.55 | 1.96 | 11.37 | 1.96 | 3.22 | 2.98 | 1.00 | 1.57 | 12.50 | 1.34 |
| | | 4 | | 3.897 | 3.059 | 0.197 | 9.26 | 1.54 | 2.56 | 14.70 | 1.94 | 4.16 | 3.82 | 0.99 | 1.96 | 16.69 | 1.38 |
| | | 5 | | 4.803 | 3.770 | 0.196 | 11.21 | 1.53 | 3.13 | 17.79 | 1.92 | 5.03 | 4.64 | 0.98 | 2.31 | 20.90 | 1.42 |
| | | 6 | | 5.688 | 4.465 | 0.196 | 13.05 | 1.52 | 3.68 | 20.68 | 1.91 | 5.85 | 5.42 | 0.98 | 2.63 | 25.14 | 1.46 |

（续表）

| 角钢号数 | 尺寸(mm) b | d | r | 截面面积 cm² | 理论重量 kg/m | 外表面积 m²/m | 参考数值 | | | | | | | | | | | |
|---|---|---|---|---|---|---|---|---|---|---|---|---|---|---|---|---|---|---|
| | | | | | | | $x-x$ | | | $x_0-x_0$ | | | $y_0-y_0$ | | | $x_1-x_1$ | $z_0$ | |
| | | | | | | | $I_x$ cm⁴ | $i_x$ cm | $W_x$ cm³ | $I_{x0}$ cm⁴ | $i_{x0}$ cm | $W_{x0}$ cm³ | $I_{y0}$ cm⁴ | $i_{y0}$ cm | $W_{y0}$ cm³ | $I_{x1}$ cm⁴ | $z_0$ cm | |
| 5.6 | 56 | 3 | 6 | 3.343 | 2.624 | 0.221 | 10.19 | 1.75 | 2.48 | 16.14 | 2.20 | 4.08 | 4.24 | 1.13 | 2.02 | 17.56 | 1.48 | |
| | | 4 | | 4.390 | 3.446 | 0.220 | 13.18 | 1.73 | 3.24 | 20.92 | 2.18 | 5.28 | 5.46 | 1.11 | 2.52 | 23.43 | 1.53 | |
| | | 5 | | 5.415 | 4.251 | 0.220 | 16.02 | 1.72 | 3.97 | 25.42 | 2.17 | 6.42 | 6.61 | 1.10 | 2.98 | 29.33 | 1.57 | |
| | | 8 | | 8.367 | 6.568 | 0.219 | 23.63 | 1.68 | 6.03 | 37.37 | 2.11 | 9.44 | 9.89 | 1.09 | 4.16 | 47.24 | 1.68 | |
| 6.3 | 63 | 4 | 7 | 4.978 | 3.907 | 0.248 | 19.03 | 1.96 | 4.13 | 30.17 | 2.46 | 6.78 | 7.89 | 1.26 | 3.29 | 33.35 | 1.70 | |
| | | 5 | | 6.143 | 4.822 | 0.248 | 23.17 | 1.94 | 5.08 | 36.77 | 2.45 | 8.25 | 9.57 | 1.25 | 3.90 | 41.73 | 1.74 | |
| | | 6 | | 7.288 | 5.721 | 0.247 | 27.12 | 1.93 | 6.04 | 3.03 | 2.43 | 9.66 | 11.20 | 1.24 | 4.46 | 50.14 | 1.78 | |
| | | 8 | | 9.515 | 7.469 | 0.247 | 34.46 | 1.90 | 7.75 | 54.56 | 2.40 | 12.25 | 14.33 | 1.23 | 5.47 | 67.11 | 1.85 | |
| | | 10 | | 11.657 | 9.151 | 0.246 | 41.09 | 1.88 | 9.39 | 64.85 | 2.36 | 14.56 | 17.33 | 1.22 | 6.36 | 84.31 | 1.93 | |
| 7 | 70 | 4 | 8 | 5.570 | 4.372 | 0.275 | 26.39 | 2.18 | 5.14 | 41.80 | 2.74 | 8.44 | 10.99 | 1.40 | 4.17 | 45.74 | 1.86 | |
| | | 5 | | 6.875 | 5.397 | 0.275 | 32.21 | 2.16 | 6.32 | 51.08 | 2.73 | 10.32 | 13.34 | 1.39 | 4.95 | 57.21 | 1.91 | |
| | | 6 | | 8.160 | 6.406 | 0.275 | 37.77 | 2.15 | 7.48 | 59.93 | 2.71 | 12.11 | 15.61 | 1.38 | 5.67 | 68.73 | 1.95 | |
| | | 7 | | 9.424 | 7.398 | 0.275 | 43.09 | 2.14 | 8.59 | 68.35 | 2.69 | 13.81 | 17.82 | 1.38 | 6.34 | 80.29 | 1.99 | |
| | | 8 | | 10.667 | 8.373 | 0.274 | 48.17 | 2.12 | 9.68 | 76.37 | 2.68 | 15.43 | 19.98 | 1.37 | 6.98 | 91.92 | 2.03 | |
| 7.5 | 75 | 5 | 9 | 7.367 | 5.818 | 0.295 | 39.97 | 2.33 | 7.32 | 63.30 | 2.92 | 11.94 | 16.63 | 1.50 | 5.77 | 70.56 | 2.04 | |
| | | 6 | | 8.797 | 6.905 | 0.294 | 46.95 | 2.31 | 8.64 | 74.38 | 2.90 | 14.02 | 19.51 | 1.49 | 6.67 | 84.55 | 2.07 | |
| | | 7 | | 10.160 | 7.976 | 0.294 | 53.57 | 2.30 | 9.93 | 84.96 | 2.89 | 16.02 | 22.18 | 1.48 | 7.44 | 98.71 | 2.11 | |
| | | 8 | | 11.503 | 9.030 | 0.294 | 59.96 | 2.28 | 11.20 | 95.07 | 2.88 | 17.93 | 24.86 | 1.47 | 8.19 | 112.97 | 2.15 | |
| | | 10 | | 14.126 | 11.089 | 0.293 | 71.98 | 2.26 | 13.64 | 113.92 | 2.84 | 21.48 | 30.05 | 1.46 | 9.56 | 141.71 | 2.22 | |

（续表）

| 角钢号数 | 尺寸(mm) b | d | r | 截面面积 cm² | 理论重量 kg/m | 外表面积 m²/m | $I_x$ cm⁴ | $i_x$ cm | $W_x$ cm³ | $I_{x0}$ cm⁴ | $i_{x0}$ cm | $W_{x0}$ cm³ | $I_{y0}$ cm⁴ | $i_{y0}$ cm | $W_{y0}$ cm³ | $I_{x1}$ cm⁴ | $z_0$ cm |
|---|---|---|---|---|---|---|---|---|---|---|---|---|---|---|---|---|---|
| | | | | | | | x—x | | | $x_0$—$x_0$ | | | $y_0$—$y_0$ | | | $x_1$—$x_1$ | $z_0$ |
| 8 | 80 | 5 | 9 | 7.912 | 6.211 | 0.315 | 48.79 | 2.48 | 8.34 | 77.33 | 3.13 | 13.67 | 20.25 | 1.60 | 6.66 | 85.36 | 2.15 |
| | | 6 | | 9.397 | 7.376 | 0.314 | 57.35 | 2.47 | 9.87 | 90.89 | 3.11 | 16.08 | 23.72 | 1.59 | 7.65 | 102.50 | 2.19 |
| | | 7 | | 10.860 | 8.525 | 0.314 | 65.58 | 2.46 | 11.37 | 104.07 | 3.10 | 18.40 | 27.09 | 1.58 | 8.58 | 119.70 | 2.23 |
| | | 8 | | 12.303 | 9.658 | 0.314 | 73.49 | 2.44 | 12.83 | 116.60 | 3.08 | 20.61 | 30.39 | 1.57 | 9.46 | 136.97 | 2.27 |
| | | 10 | | 15.126 | 11.874 | 0.313 | 88.43 | 2.42 | 15.64 | 140.09 | 3.04 | 24.76 | 36.77 | 1.56 | 11.08 | 171.74 | 2.35 |
| 9 | 90 | 6 | 10 | 10.637 | 8.350 | 0.354 | 82.77 | 2.79 | 12.61 | 131.26 | 3.51 | 20.63 | 34.28 | 1.80 | 9.95 | 145.87 | 2.44 |
| | | 7 | | 12.301 | 9.656 | 0.354 | 94.83 | 2.78 | 14.54 | 150.47 | 3.50 | 23.64 | 39.18 | 1.78 | 11.19 | 170.30 | 2.48 |
| | | 8 | | 13.944 | 10.946 | 0.353 | 106.47 | 2.76 | 16.42 | 168.97 | 3.48 | 26.55 | 43.97 | 1.78 | 12.35 | 194.80 | 2.52 |
| | | 10 | | 17.167 | 13.476 | 0.353 | 128.58 | 2.74 | 20.07 | 203.90 | 3.45 | 32.04 | 53.26 | 1.76 | 14.52 | 244.07 | 2.59 |
| | | 12 | | 20.306 | 15.940 | 0.352 | 149.22 | 2.71 | 23.57 | 236.21 | 3.41 | 37.12 | 62.22 | 1.75 | 16.49 | 293.76 | 2.67 |
| 10 | 100 | 6 | 12 | 11.932 | 9.366 | 0.393 | 114.95 | 3.10 | 15.68 | 181.98 | 3.90 | 25.74 | 47.92 | 2.00 | 12.69 | 200.07 | 2.67 |
| | | 7 | | 13.796 | 10.830 | 0.393 | 131.86 | 3.09 | 18.10 | 208.97 | 3.89 | 29.55 | 54.74 | 1.99 | 14.26 | 233.54 | 2.71 |
| | | 8 | | 15.638 | 12.276 | 0.393 | 148.24 | 3.08 | 20.47 | 235.07 | 3.88 | 33.24 | 61.41 | 1.98 | 15.75 | 267.09 | 2.76 |
| | | 10 | | 19.261 | 15.120 | 0.392 | 179.51 | 3.05 | 25.06 | 284.68 | 3.84 | 40.26 | 74.35 | 1.96 | 18.54 | 344.48 | 2.84 |
| | | 12 | | 22.800 | 17.898 | 0.391 | 208.90 | 3.03 | 29.48 | 330.95 | 3.81 | 46.80 | 86.84 | 1.95 | 21.08 | 402.34 | 2.91 |
| | | 14 | | 26.256 | 20.611 | 0.391 | 236.53 | 3.00 | 33.73 | 374.06 | 3.77 | 52.90 | 99.00 | 1.94 | 23.44 | 470.75 | 2.99 |
| | | 16 | | 29.627 | 23.257 | 0.390 | 262.53 | 2.98 | 37.82 | 414.16 | 3.74 | 58.57 | 110.89 | 1.94 | 25.63 | 539.80 | 3.06 |

（续表）

| 角钢号数 | 尺寸(mm) b | 尺寸(mm) d | 尺寸(mm) r | 截面面积 cm² | 理论重量 kg/m | 外表面积 m²/m | 参考数值 x-x $I_x$ cm⁴ | x-x $i_x$ cm | x-x $W_x$ cm³ | $x_0-x_0$ $I_{x0}$ cm⁴ | $x_0-x_0$ $i_{x0}$ cm | $x_0-x_0$ $W_{x0}$ cm³ | $y_0-y_0$ $I_{y0}$ cm⁴ | $y_0-y_0$ $i_{y0}$ cm | $y_0-y_0$ $W_{y0}$ cm³ | $x_1-x_1$ $I_{x1}$ cm⁴ | $z_0$ cm |
|---|---|---|---|---|---|---|---|---|---|---|---|---|---|---|---|---|---|
| 11 | 110 | 7 | 12 | 15.196 | 11.928 | 0.433 | 177.16 | 3.41 | 22.05 | 280.94 | 4.30 | 36.12 | 73.38 | 2.20 | 17.51 | 310.64 | 2.96 |
| | | 8 | | 17.238 | 13.532 | 0.433 | 199.46 | 3.40 | 24.95 | 316.49 | 4.28 | 40.69 | 82.42 | 2.19 | 19.39 | 355.20 | 3.01 |
| | | 10 | | 21.261 | 16.690 | 0.432 | 242.19 | 3.38 | 30.60 | 384.39 | 4.25 | 49.42 | 99.98 | 2.17 | 22.91 | 444.65 | 3.09 |
| | | 12 | | 25.200 | 19.782 | 0.431 | 282.55 | 3.35 | 36.05 | 448.17 | 4.22 | 57.62 | 116.93 | 2.15 | 26.15 | 534.60 | 3.16 |
| | | 14 | | 29.056 | 22.809 | 0.431 | 320.71 | 3.32 | 41.31 | 508.01 | 4.18 | 65.31 | 133.40 | 2.14 | 29.14 | 625.16 | 3.24 |
| 12.5 | 125 | 8 | 14 | 19.750 | 15.504 | 0.492 | 297.03 | 3.88 | 32.52 | 470.89 | 4.88 | 53.28 | 123.16 | 2.50 | 25.86 | 521.01 | 3.37 |
| | | 10 | | 24.373 | 19.133 | 0.491 | 361.67 | 3.85 | 39.97 | 573.89 | 4.85 | 64.93 | 149.46 | 2.48 | 30.62 | 651.93 | 3.45 |
| | | 12 | | 28.912 | 22.696 | 0.491 | 423.16 | 3.83 | 40.17 | 671.44 | 4.82 | 75.96 | 174.88 | 2.46 | 35.03 | 783.42 | 3.53 |
| | | 14 | | 33.367 | 26.193 | 0.490 | 481.65 | 3.80 | 54.16 | 763.73 | 4.78 | 86.41 | 199.57 | 2.45 | 39.13 | 915.61 | 3.61 |
| 14 | 140 | 10 | 14 | 27.373 | 21.488 | 0.551 | 514.65 | 4.34 | 50.58 | 817.27 | 5.46 | 82.56 | 212.04 | 2.78 | 39.20 | 915.11 | 3.82 |
| | | 12 | | 32.512 | 25.522 | 0.551 | 603.68 | 4.31 | 59.80 | 958.79 | 5.43 | 96.85 | 248.57 | 2.76 | 45.02 | 1 099.28 | 3.90 |
| | | 14 | | 37.567 | 29.490 | 0.550 | 688.81 | 4.28 | 68.75 | 1 093.56 | 5.40 | 110.47 | 284.06 | 2.75 | 50.45 | 1 284.22 | 3.98 |
| | | 16 | | 42.539 | 33.393 | 0.549 | 770.24 | 4.26 | 77.46 | 1 221.81 | 5.36 | 123.42 | 318.67 | 2.74 | 55.55 | 1 470.07 | 4.06 |

（续表）

| 角钢号数 | 尺寸(mm) | | | 截面面积 cm² | 理论重量 kg/m | 外表面积 m²/m | 参考数值 | | | | | | | | | | | |
| | b | d | r | | | | x—x | | | x0—x0 | | | y0—y0 | | | x1—x1 | z0 cm |
| | | | | | | | $I_x$ cm⁴ | $i_x$ cm | $W_x$ cm³ | $I_{x0}$ cm⁴ | $i_{x0}$ cm | $W_{x0}$ cm³ | $I_{y0}$ cm⁴ | $i_{y0}$ cm | $W_{y0}$ cm³ | $I_{x1}$ cm⁴ | |
| 16 | 160 | 10 | 16 | 31.502 | 24.729 | 0.630 | 779.53 | 4.98 | 66.70 | 1 237.30 | 6.27 | 109.36 | 321.76 | 3.20 | 52.76 | 1 365.33 | 4.31 |
| | | 12 | | 37.411 | 29.391 | 0.630 | 916.58 | 4.95 | 78.98 | 1 455.68 | 6.24 | 128.67 | 377.49 | 3.18 | 60.74 | 1 639.57 | 4.39 |
| | | 14 | | 43.296 | 33.987 | 0.629 | 1 048.36 | 4.92 | 90.95 | 1 665.02 | 6.20 | 147.17 | 431.70 | 3.16 | 68.24 | 1 914.68 | 4.47 |
| | | 16 | | 49.067 | 38.518 | 0.629 | 1 175.08 | 4.89 | 102.63 | 1 865.57 | 6.17 | 164.89 | 484.59 | 3.14 | 75.31 | 2 190.82 | 4.55 |
| 18 | 180 | 12 | 16 | 42.241 | 33.159 | 0.710 | 1 321.35 | 5.59 | 100.82 | 2 100.10 | 7.05 | 165.00 | 542.61 | 3.58 | 78.41 | 2 332.80 | 4.89 |
| | | 14 | | 48.896 | 38.388 | 0.709 | 1 514.48 | 5.56 | 116.25 | 2 407.42 | 7.02 | 189.14 | 625.53 | 3.56 | 88.38 | 2 723.48 | 4.97 |
| | | 16 | | 55.467 | 43.542 | 0.709 | 1 700.99 | 5.54 | 131.13 | 2 703.37 | 6.98 | 212.40 | 698.60 | 3.55 | 97.83 | 3 115.29 | 5.05 |
| | | 18 | | 61.955 | 48.634 | 0.708 | 1 875.12 | 5.50 | 145.64 | 2 988.24 | 6.94 | 234.78 | 762.01 | 3.51 | 105.14 | 3 502.43 | 5.13 |
| 20 | 200 | 14 | 18 | 54.642 | 42.894 | 0.788 | 2 103.55 | 6.20 | 144.70 | 3 343.26 | 7.82 | 236.40 | 863.83 | 3.98 | 111.82 | 3 734.10 | 5.46 |
| | | 16 | | 62.013 | 48.680 | 0.788 | 2 366.15 | 6.18 | 163.65 | 3 760.89 | 7.79 | 265.93 | 971.41 | 3.96 | 123.96 | 4 270.39 | 5.54 |
| | | 18 | | 69.301 | 54.401 | 0.787 | 2 620.64 | 6.15 | 182.22 | 4 164.54 | 7.75 | 294.48 | 1 076.74 | 3.94 | 135.52 | 4 808.13 | 5.62 |
| | | 20 | | 76.505 | 60.056 | 0.787 | 2 867.30 | 6.12 | 200.42 | 4 554.55 | 7.72 | 322.06 | 1 180.04 | 3.93 | 146.55 | 5 347.51 | 5.69 |
| | | 24 | | 90.661 | 71.168 | 0.785 | 3 338.25 | 6.07 | 236.17 | 5 294.97 | 7.64 | 374.41 | 1 381.53 | 3.90 | 166.55 | 6 457.16 | 5.87 |

# 二、热轧不等边角钢（GB 9788—1988）

符号意义：

B —— 长边宽度；　　　　b —— 短边宽度；
d —— 边厚；　　　　　　r —— 内圆弧半径；
r₁ —— 边端内圆弧半径；　I —— 惯性矩；
i —— 惯性半径；　　　　W —— 截面系数；
x₀ —— 重心距离；　　　　y₀ —— 重心距离。

| 角钢号数 | 尺寸(mm) | | | | 截面面积 cm² | 理论重量 kg/m | 外表面积 m²/m | 参考数值 | | | | | | | | | | | | | | | | |
| | B | b | d | r | | | | x—x | | | y—y | | | x₁—x₁ | | y₁—y₁ | | u—u | | | |
| | | | | | | | | $I_x$ cm⁴ | $i_x$ cm | $W_x$ cm³ | $I_y$ cm⁴ | $i_y$ cm | $W_y$ cm³ | $I_{x1}$ cm⁴ | $y_0$ cm | $I_{y1}$ cm⁴ | $x_0$ cm | $I_u$ cm⁴ | $i_u$ cm | $W_u$ cm³ | $\tan\alpha$ |
| 2.5/1.6 | 25 | 16 | 3 | 3.5 | 1.162 | 0.912 | 0.080 | 0.70 | 0.78 | 0.43 | 0.22 | 0.44 | 0.19 | 1.56 | 0.86 | 0.43 | 0.42 | 0.14 | 0.34 | 0.16 | 0.392 |
| | | | 4 | | 1.499 | 1.176 | 0.079 | 0.88 | 0.77 | 0.55 | 0.27 | 0.43 | 0.24 | 2.09 | 0.90 | 0.59 | 0.46 | 0.17 | 0.34 | 0.20 | 0.381 |
| 3.2/2 | 32 | 20 | 3 | | 1.492 | 1.171 | 0.102 | 1.53 | 1.01 | 0.72 | 0.46 | 0.55 | 0.30 | 3.27 | 1.08 | 0.82 | 0.49 | 0.28 | 0.43 | 0.25 | 0.382 |
| | | | 4 | | 1.939 | 1.522 | 0.101 | 1.93 | 1.00 | 0.93 | 0.57 | 0.54 | 0.39 | 4.37 | 1.12 | 1.12 | 0.53 | 0.35 | 0.42 | 0.32 | 0.374 |
| 4/2.5 | 40 | 25 | 3 | 4 | 1.890 | 1.484 | 0.127 | 3.08 | 1.28 | 1.15 | 0.93 | 0.70 | 0.49 | 6.39 | 1.32 | 1.59 | 0.59 | 0.56 | 0.54 | 0.40 | 0.386 |
| | | | 4 | | 2.467 | 1.936 | 0.127 | 3.93 | 1.26 | 1.49 | 1.18 | 0.69 | 0.63 | 8.53 | 1.37 | 2.14 | 0.63 | 0.71 | 0.54 | 0.52 | 0.381 |
| 4.5/2.8 | 45 | 28 | 3 | 5 | 2.149 | 1.687 | 0.143 | 4.45 | 1.44 | 1.47 | 1.34 | 0.79 | 0.62 | 9.10 | 1.47 | 2.23 | 0.64 | 0.80 | 0.61 | 0.51 | 0.383 |
| | | | 4 | | 2.806 | 2.203 | 0.143 | 5.69 | 1.42 | 1.91 | 1.70 | 0.78 | 0.80 | 12.13 | 1.51 | 3.00 | 0.68 | 1.02 | 0.60 | 0.66 | 0.380 |

（续表）

| 角钢号数 | 尺寸(mm) B | b | d | r | 截面面积 cm² | 理论重量 kg/m | 外表面积 m²/m | $I_x$ cm⁴ | $i_x$ cm | $W_x$ cm³ | $I_y$ cm⁴ | $i_y$ cm | $W_y$ cm³ | $I_{x1}$ cm⁴ | $y_0$ cm | $I_{y1}$ cm⁴ | $x_0$ cm | $I_u$ cm⁴ | $i_u$ cm | $W_u$ cm³ | $\tan\alpha$ |
|---|---|---|---|---|---|---|---|---|---|---|---|---|---|---|---|---|---|---|---|---|---|
| 5/3.2 | 50 | 32 | 3 | 5.5 | 2.431 | 1.908 | 0.161 | 6.24 | 1.60 | 1.84 | 2.02 | 0.91 | 0.82 | 12.49 | 1.60 | 3.31 | 0.73 | 1.20 | 0.70 | 0.68 | 0.404 |
|  |  |  | 4 | 5.5 | 3.177 | 2.494 | 0.160 | 8.02 | 1.59 | 2.39 | 2.58 | 0.90 | 1.06 | 16.65 | 1.65 | 4.45 | 0.77 | 1.53 | 0.60 | 0.87 | 0.402 |
| 5.6/3.6 | 56 | 36 | 3 | 6 | 2.743 | 2.153 | 0.181 | 8.88 | 1.80 | 2.32 | 2.92 | 1.03 | 1.05 | 17.54 | 1.78 | 4.70 | 0.80 | 1.73 | 0.79 | 0.87 | 0.408 |
|  |  |  | 4 | 6 | 3.590 | 2.818 | 0.180 | 11.45 | 1.79 | 3.03 | 3.76 | 1.02 | 1.37 | 23.39 | 1.82 | 6.33 | 0.85 | 2.23 | 0.79 | 1.13 | 0.408 |
|  |  |  | 5 | 6 | 4.415 | 3.466 | 0.180 | 13.86 | 1.77 | 3.71 | 4.49 | 1.01 | 1.65 | 29.25 | 1.87 | 7.94 | 0.88 | 2.67 | 0.78 | 1.36 | 0.404 |
| 6.3/4 | 63 | 40 | 4 | 7 | 4.058 | 3.185 | 0.202 | 16.49 | 2.02 | 3.87 | 5.23 | 1.14 | 1.70 | 33.30 | 2.04 | 8.63 | 0.92 | 3.12 | 0.88 | 1.40 | 0.398 |
|  |  |  | 5 | 7 | 4.993 | 3.920 | 0.202 | 20.02 | 2.00 | 4.74 | 6.31 | 1.12 | 2.71 | 41.63 | 2.08 | 10.86 | 0.95 | 3.76 | 0.87 | 1.71 | 0.396 |
|  |  |  | 6 | 7 | 5.908 | 4.638 | 0.201 | 23.36 | 1.96 | 5.59 | 7.29 | 1.11 | 2.43 | 49.98 | 2.12 | 13.12 | 0.99 | 4.34 | 0.86 | 1.99 | 0.393 |
|  |  |  | 7 | 7 | 6.802 | 5.339 | 0.201 | 26.53 | 1.98 | 6.40 | 8.24 | 1.10 | 2.78 | 58.07 | 2.15 | 15.47 | 1.03 | 4.97 | 0.86 | 2.29 | 0.389 |
| 7/4.5 | 70 | 45 | 4 | 7.5 | 4.547 | 3.570 | 0.226 | 23.17 | 2.26 | 4.86 | 7.55 | 1.29 | 2.17 | 45.92 | 2.24 | 12.26 | 1.02 | 4.40 | 0.98 | 1.77 | 0.410 |
|  |  |  | 5 | 7.5 | 5.609 | 4.403 | 0.225 | 27.95 | 2.23 | 5.92 | 9.13 | 1.28 | 2.65 | 57.10 | 2.28 | 15.39 | 1.06 | 5.40 | 0.98 | 2.19 | 0.407 |
|  |  |  | 6 | 7.5 | 6.647 | 5.218 | 0.225 | 32.54 | 2.21 | 6.95 | 10.62 | 1.26 | 3.12 | 68.35 | 2.32 | 18.58 | 1.09 | 6.35 | 0.98 | 2.59 | 0.404 |
|  |  |  | 7 | 7.5 | 7.657 | 6.011 | 0.225 | 37.22 | 2.20 | 8.03 | 12.01 | 1.25 | 3.57 | 79.99 | 2.36 | 21.84 | 1.13 | 7.16 | 0.97 | 2.94 | 0.402 |
| 7.5/5 | 75 | 50 | 5 | 8 | 6.125 | 4.808 | 0.245 | 34.86 | 2.39 | 6.83 | 12.61 | 1.44 | 3.30 | 70.00 | 2.40 | 21.04 | 1.17 | 7.41 | 1.10 | 2.74 | 0.435 |
|  |  |  | 6 | 8 | 7.260 | 5.699 | 0.245 | 41.12 | 2.38 | 8.12 | 14.70 | 1.42 | 3.88 | 84.30 | 2.44 | 25.37 | 1.21 | 8.54 | 1.08 | 3.19 | 0.435 |
|  |  |  | 8 | 8 | 9.467 | 7.431 | 0.244 | 52.39 | 2.35 | 10.52 | 18.53 | 1.40 | 4.99 | 112.50 | 2.52 | 34.23 | 1.29 | 10.87 | 1.07 | 4.10 | 0.429 |
|  |  |  | 10 | 8 | 11.590 | 9.098 | 0.244 | 62.71 | 2.33 | 12.79 | 21.96 | 1.38 | 6.04 | 140.80 | 2.60 | 43.43 | 1.36 | 13.10 | 1.06 | 4.99 | 0.423 |

（续表）

| 角钢号数 | 尺寸(mm) B | b | d | r | 截面面积 cm² | 理论重量 kg/m | 外表面积 m²/m | x-x $I_x$ cm⁴ | $i_x$ cm | $W_x$ cm³ | y-y $I_y$ cm⁴ | $i_y$ cm | $W_y$ cm³ | $x_1-x_1$ $I_{x1}$ cm⁴ | $y_0$ cm | $y_1-y_1$ $I_{y1}$ cm⁴ | $x_0$ cm | u-u $I_u$ cm⁴ | $i_u$ cm | $W_u$ cm³ | tan α |
|---|---|---|---|---|---|---|---|---|---|---|---|---|---|---|---|---|---|---|---|---|---|
| 8/5 | 80 | 50 | 5 | 8 | 6.375 | 5.005 | 0.255 | 41.96 | 2.56 | 7.78 | 12.82 | 1.42 | 3.32 | 85.21 | 2.60 | 21.06 | 1.14 | 7.66 | 1.10 | 2.74 | 0.388 |
|  |  |  | 6 |  | 7.560 | 5.935 | 0.255 | 49.49 | 2.56 | 9.25 | 14.95 | 1.41 | 3.91 | 102.53 | 2.65 | 25.41 | 1.18 | 8.85 | 1.08 | 3.20 | 0.387 |
|  |  |  | 7 |  | 8.724 | 6.848 | 0.255 | 56.16 | 2.54 | 10.58 | 16.96 | 1.39 | 4.48 | 119.33 | 2.69 | 29.82 | 1.21 | 10.18 | 1.08 | 3.70 | 0.384 |
|  |  |  | 8 |  | 9.867 | 7.745 | 0.254 | 62.83 | 2.52 | 11.92 | 18.85 | 1.38 | 5.03 | 136.41 | 2.73 | 34.32 | 1.25 | 11.38 | 1.07 | 4.16 | 0.381 |
| 9/5.6 | 90 | 56 | 5 | 9 | 7.212 | 5.661 | 0.287 | 60.45 | 2.90 | 9.92 | 18.32 | 1.59 | 4.21 | 121.32 | 2.91 | 29.53 | 1.25 | 10.98 | 1.23 | 3.49 | 0.385 |
|  |  |  | 6 |  | 8.557 | 6.717 | 0.286 | 71.03 | 2.88 | 11.74 | 21.42 | 1.58 | 4.96 | 145.59 | 2.95 | 35.58 | 1.29 | 12.90 | 1.23 | 4.18 | 0.384 |
|  |  |  | 7 |  | 9.880 | 7.756 | 0.286 | 81.01 | 2.86 | 13.49 | 24.36 | 1.57 | 5.70 | 169.66 | 3.00 | 41.71 | 1.33 | 14.67 | 1.22 | 4.72 | 0.382 |
|  |  |  | 8 |  | 11.183 | 8.779 | 0.286 | 91.03 | 2.85 | 15.27 | 27.15 | 1.56 | 6.41 | 194.17 | 3.04 | 47.93 | 1.36 | 16.34 | 1.21 | 5.29 | 0.380 |
| 10/6.3 | 100 | 63 | 6 | 10 | 9.617 | 7.550 | 0.320 | 99.06 | 3.21 | 14.64 | 30.94 | 1.79 | 6.35 | 199.71 | 3.24 | 50.50 | 1.43 | 18.42 | 1.38 | 5.25 | 0.394 |
|  |  |  | 7 |  | 11.111 | 8.722 | 0.320 | 113.45 | 3.20 | 16.88 | 35.26 | 1.78 | 7.29 | 233.00 | 3.28 | 59.14 | 1.47 | 21.00 | 1.38 | 6.02 | 0.393 |
|  |  |  | 8 |  | 12.584 | 9.878 | 0.319 | 127.37 | 3.18 | 19.08 | 39.39 | 1.77 | 8.21 | 266.32 | 3.32 | 67.88 | 1.50 | 23.50 | 1.37 | 6.78 | 0.391 |
|  |  |  | 10 |  | 15.467 | 12.142 | 0.319 | 153.81 | 3.15 | 23.32 | 47.12 | 1.74 | 9.98 | 333.06 | 3.40 | 85.73 | 1.58 | 28.33 | 1.35 | 8.24 | 0.387 |
| 10/8 | 100 | 80 | 6 | 10 | 10.637 | 8.350 | 0.354 | 107.04 | 3.17 | 15.19 | 61.24 | 2.40 | 10.16 | 199.83 | 2.95 | 102.68 | 1.97 | 31.65 | 1.72 | 8.37 | 0.627 |
|  |  |  | 7 |  | 12.304 | 9.656 | 0.354 | 122.73 | 3.16 | 17.52 | 70.08 | 2.39 | 11.71 | 233.20 | 3.00 | 119.98 | 2.01 | 36.17 | 1.72 | 9.60 | 0.626 |
|  |  |  | 8 |  | 13.944 | 10.946 | 0.353 | 137.92 | 3.14 | 19.81 | 78.58 | 2.37 | 13.21 | 266.61 | 3.04 | 137.37 | 2.05 | 40.58 | 1.71 | 10.80 | 0.625 |
|  |  |  | 10 |  | 17.167 | 13.176 | 0.353 | 166.87 | 3.12 | 24.24 | 94.65 | 2.35 | 16.12 | 333.63 | 3.12 | 172.48 | 2.13 | 49.10 | 1.69 | 13.12 | 0.622 |

（续表）

| 角钢号数 | 尺寸 (mm) B | b | d | r | 截面面积 cm² | 理论重量 kg/m | 外表面积 m²/m | $x-x$ $I_x$ cm⁴ | $i_x$ cm | $W_x$ cm³ | $y-y$ $I_y$ cm⁴ | $i_y$ cm | $W_y$ cm³ | $x_1-x_1$ $I_{x1}$ cm⁴ | $y_0$ cm | $y_1-y_1$ $I_{y1}$ cm⁴ | $x_0$ cm | $u-u$ $I_u$ cm⁴ | $i_u$ cm | $W_u$ cm³ | $\tan\alpha$ |
|---|---|---|---|---|---|---|---|---|---|---|---|---|---|---|---|---|---|---|---|---|---|
| 11/7 | 110 | 70 | 6 | 10 | 10.637 | 8.350 | 0.354 | 133.37 | 3.54 | 17.85 | 42.92 | 2.01 | 7.90 | 265.78 | 3.53 | 69.08 | 1.57 | 25.36 | 1.54 | 6.53 | 0.403 |
|  |  |  | 7 |  | 12.301 | 9.656 | 0.354 | 153.00 | 3.53 | 20.60 | 49.01 | 2.00 | 9.09 | 310.07 | 3.57 | 80.82 | 1.61 | 28.95 | 1.53 | 7.50 | 0.402 |
|  |  |  | 8 |  | 13.944 | 10.946 | 0.353 | 172.04 | 3.51 | 23.30 | 54.87 | 1.98 | 10.25 | 354.39 | 3.62 | 92.70 | 1.65 | 32.45 | 1.53 | 8.45 | 0.401 |
|  |  |  | 10 |  | 17.167 | 13.476 | 0.353 | 208.39 | 3.48 | 28.54 | 65.88 | 1.96 | 12.48 | 443.13 | 3.70 | 116.83 | 1.72 | 39.20 | 1.51 | 10.29 | 0.397 |
| 12.5/8 | 125 | 80 | 7 | 11 | 14.096 | 11.066 | 0.403 | 227.98 | 4.02 | 26.86 | 74.42 | 2.30 | 12.01 | 454.99 | 4.01 | 120.32 | 1.80 | 43.81 | 1.76 | 9.92 | 0.408 |
|  |  |  | 8 |  | 15.989 | 12.551 | 0.403 | 256.77 | 4.01 | 30.41 | 83.49 | 2.28 | 13.56 | 519.99 | 4.06 | 137.85 | 1.84 | 49.75 | 1.75 | 11.18 | 0.407 |
|  |  |  | 10 |  | 19.712 | 15.474 | 0.402 | 312.04 | 3.98 | 37.33 | 100.67 | 2.26 | 16.56 | 650.09 | 4.14 | 173.40 | 1.92 | 59.45 | 1.74 | 13.64 | 0.404 |
|  |  |  | 12 |  | 23.351 | 18.330 | 0.402 | 364.41 | 3.95 | 44.01 | 116.67 | 2.24 | 19.43 | 780.39 | 4.22 | 209.67 | 2.00 | 69.35 | 1.72 | 16.01 | 0.400 |
| 14/9 | 140 | 90 | 8 | 12 | 18.038 | 14.160 | 0.453 | 365.64 | 4.50 | 38.48 | 120.69 | 2.59 | 17.34 | 730.53 | 4.50 | 195.79 | 2.04 | 70.83 | 1.98 | 14.31 | 0.411 |
|  |  |  | 10 |  | 22.261 | 17.475 | 0.452 | 445.50 | 4.47 | 47.31 | 146.03 | 2.56 | 21.22 | 913.20 | 4.58 | 245.92 | 2.12 | 85.82 | 1.96 | 17.48 | 0.409 |
|  |  |  | 12 |  | 26.400 | 20.724 | 0.451 | 521.59 | 4.44 | 55.87 | 169.79 | 2.54 | 24.95 | 1 096.09 | 4.66 | 296.89 | 2.19 | 100.21 | 1.95 | 20.54 | 0.406 |
|  |  |  | 14 |  | 30.456 | 23.908 | 0.451 | 594.10 | 4.42 | 64.18 | 192.10 | 2.51 | 28.54 | 1 279.26 | 4.74 | 348.82 | 2.27 | 114.13 | 1.94 | 23.52 | 0.403 |
| 16/10 | 160 | 100 | 10 | 13 | 25.315 | 19.872 | 0.512 | 668.69 | 5.14 | 62.13 | 205.03 | 2.85 | 26.56 | 1 362.89 | 5.24 | 336.59 | 2.28 | 121.74 | 2.19 | 21.92 | 0.390 |
|  |  |  | 12 |  | 30.054 | 23.592 | 0.511 | 784.91 | 5.11 | 73.49 | 239.06 | 2.82 | 31.28 | 1 635.56 | 5.32 | 405.94 | 2.36 | 142.33 | 2.17 | 25.79 | 0.388 |
|  |  |  | 14 |  | 34.709 | 27.247 | 0.510 | 896.30 | 5.08 | 84.56 | 271.20 | 2.80 | 35.83 | 1 908.50 | 5.40 | 476.42 | 2.43 | 162.23 | 2.16 | 29.56 | 0.385 |
|  |  |  | 16 |  | 39.281 | 30.835 | 0.510 | 1 003.04 | 5.05 | 95.33 | 301.60 | 2.77 | 40.24 | 2 181.79 | 5.48 | 548.22 | 2.51 | 182.57 | 2.16 | 33.44 | 0.382 |

参考数值

（续表）

| 角钢号数 | 尺寸 (mm) B | b | d | r | 截面面积 cm² | 理论重量 kg/m | 外表面积 m²/m | 参考数值 x−x Ix cm⁴ | ix cm | Wx cm³ | y−y Iy cm⁴ | iy cm | Wy cm³ | x1−x1 Ix1 cm⁴ | y0 cm | y1−y1 Iy1 cm⁴ | x0 cm | u−u Iu cm⁴ | iu cm | Wu cm³ | tan α |
|---|---|---|---|---|---|---|---|---|---|---|---|---|---|---|---|---|---|---|---|---|---|
| 18/11 | 180 | 110 | 10 | 14 | 28.373 | 22.273 | 0.571 | 956.25 | 5.80 | 78.96 | 278.11 | 3.13 | 32.49 | 1 940.40 | 5.89 | 447.22 | 2.44 | 166.50 | 2.42 | 26.88 | 0.376 |
|  |  |  | 12 |  | 33.712 | 26.464 | 0.571 | 1 124.72 | 5.78 | 93.53 | 325.03 | 3.10 | 38.32 | 2 328.38 | 5.98 | 538.94 | 2.52 | 194.87 | 2.40 | 31.66 | 0.374 |
|  |  |  | 14 |  | 38.967 | 30.589 | 0.570 | 1 286.91 | 5.75 | 107.76 | 369.55 | 3.08 | 43.97 | 2 716.60 | 6.06 | 631.95 | 2.59 | 222.30 | 2.39 | 36.32 | 0.372 |
|  |  |  | 16 |  | 44.139 | 34.649 | 0.569 | 1 443.06 | 5.72 | 121.64 | 411.85 | 3.06 | 49.44 | 3 105.15 | 6.14 | 726.46 | 2.67 | 248.94 | 2.38 | 40.87 | 0.369 |
| 20/12.5 | 200 | 125 | 12 | 14 | 37.912 | 29.761 | 0.641 | 1 570.90 | 6.44 | 116.73 | 483.16 | 3.57 | 49.99 | 3 193.85 | 6.54 | 787.74 | 2.83 | 285.79 | 2.74 | 41.23 | 0.392 |
|  |  |  | 14 |  | 43.867 | 34.436 | 0.640 | 1 800.97 | 6.41 | 134.65 | 550.83 | 3.54 | 57.44 | 3 726.17 | 6.62 | 922.47 | 2.91 | 326.58 | 2.73 | 47.34 | 0.390 |
|  |  |  | 16 |  | 49.739 | 39.045 | 0.639 | 2 023.35 | 6.38 | 152.18 | 615.44 | 3.52 | 64.69 | 4 258.86 | 6.70 | 1 058.86 | 2.99 | 366.21 | 2.71 | 53.32 | 0.388 |
|  |  |  | 18 |  | 55.526 | 43.588 | 0.639 | 2 238.30 | 6.35 | 169.33 | 677.19 | 3.49 | 71.74 | 4 792.00 | 6.78 | 1 197.13 | 3.06 | 404.83 | 2.70 | 59.18 | 0.385 |

# 三、热轧普通工字钢

符号意义：

h——高度；
b——腿宽；
d——腰厚；
t——平均腿厚；
r——内圆弧半径；
$r_1$——腿端圆弧半径；
I——惯性矩；
W——截面系数；
i——惯性半径；
S——半截面的面积矩。

| 型号 | 尺寸(mm) | | | | | | 截面面积 cm² | 理论质量 kg/m | 参考数值 | | | | | | |
|---|---|---|---|---|---|---|---|---|---|---|---|---|---|---|---|
| | | | | | | | | | x－x | | | | y－y | | |
| | h | b | d | t | r | $r_1$ | | | $I_x$ cm⁴ | $W_x$ cm³ | $i_x$ cm | $I_x : S_x$ cm | $I_y$ cm⁴ | $W_y$ cm³ | $i_y$ cm |
| 10 | 100 | 68 | 4.5 | 7.6 | 6.5 | 3.3 | 14.3 | 11.2 | 245 | 49 | 4.14 | 8.59 | 33 | 9.72 | 1.52 |
| 12.6 | 126 | 74 | 5 | 8.4 | 7 | 3.5 | 18.1 | 14.2 | 488.43 | 77.529 | 5.195 | 10.85 | 46.906 | 12.677 | 1.609 |
| 14 | 140 | 80 | 5.5 | 9.1 | 7.5 | 3.8 | 21.5 | 16.9 | 712 | 102 | 5.76 | 12 | 64.4 | 16.1 | 1.73 |
| 16 | 160 | 88 | 6 | 9.9 | 8 | 4 | 26.1 | 20.5 | 1 130 | 141 | 6.58 | 13.8 | 93.1 | 21.2 | 1.89 |
| 18 | 180 | 94 | 6.5 | 10.7 | 8.5 | 4.3 | 30.6 | 24.1 | 1 660 | 185 | 7.36 | 15.4 | 122 | 26 | 2 |
| 20a | 200 | 100 | 7 | 11.4 | 9 | 4.5 | 35.5 | 27.9 | 2 370 | 237 | 8.15 | 17.2 | 158 | 31.5 | 2.12 |
| 20b | 200 | 102 | 9 | 11.4 | 9 | 4.5 | 39.5 | 31.1 | 2 500 | 250 | 7.96 | 16.9 | 169 | 33.1 | 2.06 |
| 22a | 220 | 110 | 7.5 | 12.3 | 9.5 | 4.8 | 42 | 33 | 3 400 | 309 | 8.99 | 18.9 | 225 | 40.9 | 2.31 |
| 22b | 220 | 112 | 9.5 | 12.3 | 9.5 | 4.8 | 46.4 | 36.4 | 3 570 | 325 | 8.78 | 18.7 | 239 | 42.7 | 2.27 |
| 25a | 250 | 116 | 8 | 13 | 10 | 5 | 48.5 | 38.1 | 5 023.54 | 401.88 | 10.18 | 21.58 | 280.046 | 48.283 | 2.403 |
| 25b | 250 | 118 | 10 | 13 | 10 | 5 | 53.5 | 42 | 5 283.96 | 422.72 | 9.938 | 21.27 | 309.297 | 52.423 | 2.404 |

（续表）

| 型号 | 尺寸 (mm) | | | | | | 截面面积 cm² | 理论质量 kg/m | 参考数值 | | | | | | |
| | h | b | d | t | r | r₁ | | | x—x | | | | y—y | | |
| | | | | | | | | | $I_x$ cm⁴ | $W_x$ cm³ | $i_x$ cm | $I_x : S_x$ cm | $I_y$ cm⁴ | $W_y$ cm³ | $i_y$ cm |
|---|---|---|---|---|---|---|---|---|---|---|---|---|---|---|---|
| 28a | 280 | 122 | 8.5 | 13.7 | 10.5 | 5.3 | 55.45 | 43.4 | 7 114.14 | 508.15 | 11.32 | 24.62 | 345.051 | 56.565 | 2.495 |
| 28b | 280 | 124 | 10.5 | 13.7 | 10.5 | 5.3 | 61.05 | 47.9 | 7 480 | 534.29 | 11.08 | 24.24 | 379.496 | 61.209 | 2.493 |
| 32a | 320 | 130 | 9.5 | 15 | 11.5 | 5.8 | 67.05 | 52.7 | 11 075.5 | 692.2 | 12.84 | 27.46 | 459.93 | 70.758 | 2.619 |
| 32b | 320 | 132 | 11.5 | 15 | 11.5 | 5.8 | 73.45 | 57.7 | 11 621.4 | 726.33 | 12.58 | 27.09 | 501.53 | 75.989 | 2.614 |
| 32c | 320 | 134 | 13.5 | 15 | 11.5 | 5.8 | 79.95 | 62.8 | 12 167.5 | 760.47 | 12.34 | 26.77 | 543.81 | 81.166 | 2.608 |
| 36a | 360 | 136 | 10 | 15.8 | 12 | 6 | 76.3 | 59.9 | 15 760 | 875 | 14.4 | 30.7 | 552 | 81.2 | 2.69 |
| 36b | 360 | 138 | 12 | 15.8 | 12 | 6 | 83.5 | 65.6 | 16 530 | 919 | 14.1 | 30.3 | 582 | 84.3 | 2.64 |
| 36c | 360 | 140 | 14 | 15.8 | 12 | 6 | 90.7 | 71.2 | 17 310 | 962 | 13.8 | 29.9 | 612 | 87.4 | 2.6 |
| 40a | 400 | 142 | 10.5 | 16.5 | 12.5 | 6.3 | 86.1 | 67.6 | 21 720 | 1 090 | 15.9 | 34.1 | 660 | 93.2 | 2.77 |
| 40b | 400 | 144 | 12.5 | 16.5 | 12.5 | 6.3 | 94.1 | 73.8 | 22 780 | 1 140 | 15.6 | 33.6 | 692 | 96.2 | 2.71 |
| 40c | 400 | 146 | 14.5 | 16.5 | 12.5 | 6.3 | 102 | 80.1 | 23 850 | 1 190 | 15.2 | 33.2 | 727 | 99.6 | 2.65 |
| 45a | 450 | 150 | 11.5 | 18 | 13.5 | 6.8 | 102 | 80.4 | 32 240 | 1 430 | 17.7 | 38.6 | 855 | 114 | 2.89 |
| 45b | 450 | 152 | 13.5 | 18 | 13.5 | 6.8 | 111 | 87.4 | 33 760 | 1 500 | 17.4 | 38 | 894 | 118 | 2.84 |
| 45c | 450 | 154 | 15.5 | 18 | 13.5 | 6.8 | 120 | 94.5 | 35 280 | 1 570 | 17.1 | 37.6 | 938 | 122 | 2.79 |
| 50a | 500 | 158 | 12 | 20 | 14 | 7 | 119 | 93.6 | 46 470 | 1 860 | 19.7 | 42.8 | 1 120 | 142 | 3.07 |
| 50b | 500 | 160 | 14 | 20 | 14 | 7 | 129 | 101 | 48 560 | 1 940 | 19.4 | 42.4 | 1 170 | 146 | 3.01 |
| 50c | 500 | 162 | 16 | 20 | 14 | 7 | 139 | 109 | 50 640 | 2 080 | 19 | 41.8 | 1 220 | 151 | 2.96 |
| 56a | 560 | 166 | 12.5 | 21 | 14.5 | 7.3 | 135.25 | 106.2 | 65 585.6 | 2 342.31 | 22.02 | 47.73 | 1 370.16 | 165.08 | 3.182 |
| 56b | 560 | 168 | 14.5 | 21 | 14.5 | 7.3 | 146.45 | 115 | 68 512.5 | 2 446.69 | 21.63 | 47.17 | 1 486.75 | 174.25 | 3.162 |
| 56c | 560 | 170 | 16.5 | 21 | 14.5 | 7.3 | 157.85 | 123.9 | 71 439.4 | 2 551.41 | 21.27 | 46.66 | 1 558.39 | 183.34 | 3.158 |
| 63a | 630 | 176 | 13 | 22 | 15 | 7.5 | 154.9 | 121.6 | 93 916.2 | 2 981.47 | 24.62 | 54.17 | 1 700.55 | 193.24 | 3.314 |
| 63b | 630 | 178 | 15 | 22 | 15 | 7.5 | 167.5 | 131.5 | 98 083.6 | 3 163.98 | 24.2 | 53.51 | 1 812.07 | 203.6 | 3.289 |
| 63c | 630 | 180 | 17 | 22 | 15 | 7.5 | 180.1 | 141 | 102 251.1 | 3 298.42 | 23.82 | 52.92 | 1 924.91 | 213.88 | 3.268 |

## 四、热轧普通槽钢

符号意义：
$h$——高度；
$b$——腿宽；
$d$——腰厚；
$t$——平均腿厚；
$r$——内圆弧半径；
$r_1$——腿端圆弧半径；
$I$——惯性矩；
$W$——截面系数；
$i$——惯性半径；
$z_0$——$y-y$ 与 $y_0-y_0$ 轴线间距离。

| 型号 | 尺寸 (mm) | | | | | | 截面面积 cm² | 理论质量 kg/m | 参考数值 | | | | | | | |
|---|---|---|---|---|---|---|---|---|---|---|---|---|---|---|---|---|
| | | | | | | | | | $x-x$ | | | $y-y$ | | | $y_0-y_0$ | |
| | $h$ | $b$ | $d$ | $t$ | $r$ | $r_1$ | | | $W_x$ cm³ | $I_x$ cm⁴ | $i_x$ cm | $W_y$ cm³ | $I_y$ cm⁴ | $i_y$ cm | $I_{y0}$ cm⁴ | $z_0$ cm |
| 5 | 50 | 37 | 4.5 | 7 | 7 | 3.5 | 6.93 | 5.44 | 10.4 | 26 | 1.94 | 3.55 | 8.3 | 1.1 | 20.9 | 1.35 |
| 6.3 | 63 | 40 | 4.8 | 7.5 | 7.5 | 3.75 | 8.444 | 6.63 | 16.123 | 50.786 | 2.453 | 4.50 | 11.872 | 1.185 | 28.38 | 1.36 |
| 8 | 80 | 43 | 5 | 8 | 8 | 4 | 10.24 | 8.04 | 25.3 | 101.3 | 3.15 | 5.79 | 16.6 | 1.27 | 37.4 | 1.43 |
| 10 | 100 | 48 | 5.3 | 8.5 | 8.5 | 4.25 | 12.74 | 10 | 39.7 | 198.3 | 3.95 | 7.8 | 25.6 | 1.41 | 54.9 | 1.52 |
| 12.6 | 126 | 53 | 5.5 | 9 | 9 | 4.5 | 15.69 | 12.37 | 62.137 | 391.466 | 4.953 | 10.242 | 37.99 | 1.567 | 77.09 | 1.59 |
| 14a | 140 | 58 | 6 | 9.5 | 9.5 | 4.75 | 18.51 | 14.53 | 80.5 | 563.7 | 5.52 | 13.01 | 53.2 | 1.7 | 107.1 | 1.71 |
| 14b | 140 | 60 | 8 | 9.5 | 9.5 | 4.75 | 21.31 | 16.73 | 87.1 | 609.4 | 5.35 | 14.12 | 61.1 | 1.69 | 120.6 | 1.67 |
| 16a | 160 | 63 | 6.5 | 10 | 10 | 5 | 21.95 | 17.23 | 108.3 | 866.2 | 6.28 | 16.3 | 73.3 | 1.83 | 144.1 | 1.8 |
| 16b | 160 | 65 | 8.5 | 10 | 10 | 5 | 25.15 | 19.74 | 116.8 | 934.5 | 6.1 | 17.55 | 83.4 | 1.82 | 160.8 | 1.75 |

（续表）

| 型号 | 尺寸(mm) | | | | | | 截面面积 cm² | 理论质量 kg/m | 参考数值 | | | | | | | |
|---|---|---|---|---|---|---|---|---|---|---|---|---|---|---|---|---|
| | | | | | | | | | $x-x$ | | | $y-y$ | | | $y_0-y_0$ | $z_0$ |
| | $h$ | $b$ | $d$ | $t$ | $r$ | $r_1$ | | | $W_x$ cm³ | $I_x$ cm⁴ | $i_x$ cm | $W_y$ cm³ | $I_y$ cm⁴ | $i_y$ cm | $I_{50}$ cm⁴ | cm |
| 18a | 180 | 68 | 7 | 10.5 | 10.5 | 5.25 | 25.69 | 20.17 | 141.4 | 1 272.7 | 7.04 | 20.03 | 98.6 | 1.96 | 189.7 | 1.88 |
| 18b | 180 | 70 | 9 | 10.5 | 10.5 | 5.25 | 29.29 | 22.99 | 152.2 | 1 369.9 | 6.84 | 21.52 | 111 | 1.95 | 210.1 | 1.84 |
| 20a | 200 | 73 | 7 | 11 | 11 | 5.5 | 28.83 | 22.63 | 178 | 1 780.4 | 7.86 | 24.2 | 128 | 2.11 | 244 | 2.01 |
| 20b | 200 | 75 | 9 | 11 | 11 | 5.5 | 32.83 | 25.77 | 191.4 | 1 913.7 | 7.64 | 25.88 | 143.6 | 2.09 | 268.4 | 1.95 |
| 22a | 220 | 77 | 7 | 11.5 | 11.5 | 5.75 | 31.84 | 24.99 | 217.6 | 2 393.9 | 8.67 | 28.17 | 157.8 | 2.23 | 298.2 | 2.1 |
| 22b | 220 | 79 | 9 | 11.5 | 11.5 | 5.75 | 36.24 | 28.45 | 233.8 | 2 571.4 | 8.42 | 30.05 | 176.4 | 2.21 | 326.3 | 2.03 |
| 25a | 250 | 78 | 7 | 12 | 12 | 6 | 34.91 | 27.47 | 269.597 | 3 369.62 | 9.823 | 30.607 | 175.529 | 2.243 | 322.256 | 2.065 |
| 25b | 250 | 80 | 9 | 12 | 12 | 6 | 39.91 | 31.39 | 282.402 | 3 530.04 | 9.405 | 32.657 | 196.421 | 2.218 | 353.187 | 1.982 |
| 25c | 250 | 82 | 11 | 12 | 12 | 6 | 44.91 | 35.32 | 295.236 | 3 690.45 | 9.065 | 35.926 | 218.415 | 2.206 | 384.133 | 1.921 |
| 28a | 280 | 82 | 7.5 | 12.5 | 12.5 | 6.25 | 40.02 | 31.42 | 340.328 | 4 764.59 | 10.91 | 35.718 | 217.989 | 2.333 | 387.566 | 2.097 |
| 28b | 280 | 84 | 9.5 | 12.5 | 12.5 | 6.25 | 45.62 | 35.81 | 366.46 | 5 130.45 | 10.6 | 37.929 | 242.144 | 2.304 | 427.589 | 2.016 |
| 28c | 280 | 86 | 11.5 | 12.5 | 12.5 | 6.25 | 51.22 | 40.21 | 392.594 | 5 496.32 | 10.35 | 40.301 | 267.602 | 2.286 | 426.597 | 1.951 |
| 32a | 320 | 88 | 8 | 14 | 14 | 7 | 48.7 | 38.22 | 474.879 | 7 598.06 | 12.49 | 46.473 | 304.787 | 2.502 | 552.31 | 2.242 |
| 32b | 320 | 90 | 10 | 14 | 14 | 7 | 55.1 | 43.25 | 509.012 | 8 144.2 | 12.15 | 49.157 | 336.332 | 2.471 | 592.933 | 2.158 |
| 32c | 320 | 92 | 12 | 14 | 14 | 7 | 61.5 | 48.28 | 543.145 | 8 690.33 | 11.88 | 52.642 | 374.175 | 2.467 | 643.299 | 2.092 |
| 36a | 360 | 96 | 9 | 16 | 16 | 8 | 60.89 | 47.8 | 659.7 | 11 874.2 | 13.97 | 63.54 | 455 | 2.73 | 818.4 | 2.44 |
| 36b | 360 | 98 | 11 | 16 | 16 | 8 | 68.09 | 53.45 | 702.9 | 12 651.8 | 13.63 | 66.85 | 496.7 | 2.7 | 880.4 | 2.37 |
| 36c | 360 | 100 | 13 | 16 | 16 | 8 | 75.29 | 50.1 | 746.1 | 13 429.4 | 13.36 | 70.02 | 536.4 | 2.67 | 947.9 | 2.34 |
| 40a | 400 | 100 | 10.5 | 18 | 18 | 9 | 75.05 | 58.91 | 878.9 | 17 577.9 | 15.30 | 78.83 | 592 | 2.81 | 1 067.7 | 2.49 |
| 40b | 400 | 102 | 12.5 | 18 | 18 | 9 | 83.05 | 65.19 | 932.2 | 18 644.5 | 14.98 | 82.52 | 640 | 2.78 | 1 135.6 | 2.44 |
| 40c | 400 | 104 | 14.5 | 18 | 18 | 9 | 91.05 | 71.47 | 985.6 | 19 711.2 | 14.71 | 86.19 | 687.8 | 2.75 | 1 220.7 | 2.42 |

# 参 考 文 献

[1] 韩志军,乔淑玲. 建筑力学[M]. 北京:中国电力出版社,2013.

[2] 于英. 建筑力学[M]. 北京:中国建筑工业出版社,2017.

[3] 沈养中. 建筑力学[M]. 北京:科学出版社,2016.

[4] 刘明晖. 建筑力学[M]. 北京:北京大学出版社,2017.

[5] 周国瑾,施美丽,张景色. 建筑力学[M]. 上海:同济大学出版社,2011.

[6] 赵萍. 建筑力学[M]. 北京:北京理工大学出版社,2017.

[7] 吕令毅,吕子华. 建筑力学[M]. 北京:中国建筑工业出版社,2010.

[8] 郭应征. 建筑力学[M]. 北京:中国电力出版社,2014.

[9] 黎永索,郭剑. 建筑力学[M]. 武汉:武汉理工大学出版社,2014.

[10] 梁春光,冯昆荣. 建筑力学[M]. 武汉:武汉理工大学出版社,2015.